试验物理与计算数学重点实验室丛书

Plasma Antennas

等离子体天线

［美］西奥多·安德森（Theodore Anderson） 著

张生俊　莫锦军　译

刘佳琪　审校

国防工业出版社

·北京·

著作权合同登记　图字：军-2018-064号

内 容 简 介

本书是一本由 Anderson 所写的关于等离子体应用的技术专著。书中从电磁波与等离子体相互作用开始，将等离子体与对应的现有天线进行对比，通过大量的理论和实验，分析了等离子体天线的特点。全书共 12 章，第 1~3 章是基础，第 4~6 章是基本天线设计，第 7、8 章与智能可重构相关，第 9 章介绍了作者的实验工作，第 10、11 章是应用研究，第 12 章关注了天线噪声的规律问题。全书可操作、实践性均很强。

本书可作为等离子体天线研究的工程技术人员和在校大学生、研究生及教师参考用书。

Plasma Antennas by Theodore Anderson.
ISBN 13：978-1-60807-143-2
© 2011 ARTECH HOUSE
All rights reserved.
本书简体中文版由 Artech House 授权国防工业出版社独家出版。
版权所有，侵权必究。

图书在版编目（CIP）数据

等离子体天线 /（美）西奥多·安德森
（Theodore Anderson）著；张生俊，莫锦军译 . —北京：
国防工业出版社，2023.6
　书名原文：Plasma Antennas
　ISBN 978-7-118-12848-2

Ⅰ. ①等… Ⅱ. ①西… ②张… ③莫… Ⅲ. ①等离子
体-天线设计 Ⅳ. ①TN82

中国国家版本馆 CIP 数据核字（2023）第 085462 号

※

国防工业出版社出版发行
（北京市海淀区紫竹院南路 23 号　邮政编码 100048）
三河市众誉天成印务有限公司印刷
新华书店经销
*
开本 710×1000　1/16　印张 10¼　字数 172 千字
2023 年 6 月第 1 版第 1 次印刷　印数 1—2000 册　定价 92.00 元

（本书如有印装错误，我社负责调换）

国防书店：(010) 88540777　　书店传真：(010) 88540776
发行业务：(010) 88540717　　发行传真：(010) 88540762

译　者　序

等离子体被称为物质的"第四态"，其实是一种处于电离态的气体，在宇宙中广泛存在。长期以来，等离子体因其科学、民用和军用价值而得到广泛关注，在天体物理空间、天气等研究中，它是不可或缺的内容；在微电子与半导体工业中，它是重要的手段和工具；尤其疫情以来，等离子体消毒又成为新的话题；近年来，等离子体的军事应用（如隐身、干扰）受到了广泛关注。Ted Anderson 博士从另一个角度考虑问题，利用等离子体的导电性和开关及密度可调的特性，构建波束可重构的天线。应该说，本书在等离子体天线研究方面是比较系统全面的。

等离子体分类多样，但本质上都与能量有关，其可分为高温等离子体、低温等离子体，冷等离子体、热等离子体等。译者自博士开始认识、使用等离子体，从工业等离子体到军用等离子体，一个感触是等离子体的三大产生条件：空间尺度（德拜长度）、时间尺度（存在时间）、集合尺度（粒子数），以及在一些应用中与生俱来的边界因素，是应用中一般不必关注，但却实实在在影响性能的要素。等离子体是电子的集体行为，因此，它既有与导体相似的性质，又有与导体不同的性质，正如本书作者所示，这导致其成为一种很好的金属天线的隐身替代品。

翻译本书，本着他山之玉可鉴的目的。在研究参考过程中感觉本书有一定的借鉴价值，鉴于很多工程技术人员更喜欢看中文材料，于是，我们打算在重点实验室丛书计划中添加本书。

看似简单，真到落笔翻译却很难。翻译的最佳境界是"信、达、雅"，信是基础、根本，达是核心、必要，雅是最高目标。书中涉及多个学科领域，并且部分表达涉及文化层面，自感达到"雅"很难，所以我们努力争取做到"达"。基于此，本书初稿虽在2018年年底从购买版权没多久就已出来，但诚惶诚恐，始终不敢面对大家，由此，其后几年，虽国事、家事诸事多多，已然不敢通宵达旦，追求速度，但求抓紧碎片时间，精敲细琢，几校其稿，反复互校，不断切磋，努力至"信"，到"达"，求"雅"。等终于回过头来，已过三载，往事悠悠，岁月如歌，人已过不惑，天命已知。

翻译之事乃非工作要务，故全靠挤与家人一起的生活时间。感谢我们的家人，他们为此付出更多。感谢重点实验室刘佳琪研究员对本书进行认真而细致的审校，还要感谢国防工业出版社编辑为本书同样多的付出。

虽尽全力，但限于知识与水平，或有不当之处，敬请指出。可联系 zhang-sj98@ sina. com 或出版社。

张生俊　莫锦军

2022 年端午节

序

我和 Ted Anderson 博士相识 25 年，他是一位同事、科学家、海军实验室的研究员，也是他的公司——Haleakala Realand Dealth Inc. 的技术顾问。他的新书《等离子体天线》代表了该领域最新、最全面的贡献，是 NIQE 理论、实验、最新发展、原型和知识产权的融合。

等离子体天线是电磁信号接收和传输的前沿技术，具有突破性和丰富的潜在应用，并证明不久的将来天线产业竞争的变化。最有趣、有用和独特之处是气态天线提供的"隐形"，这基本上使它们在反探测中是不可见的。不仅其军事应用正在被认识和欣赏，而且其商业应用也是多种多样的，包括不带动态部件的移动卫星 HDTV 接收，以及最后一英里的安全通信。

本书将成为等离子体天线技术的最终参考，供研究生和实践工程师在未来的岁月中使用。Ted 拥有超过 20 项美国专利，涵盖等离子体天线技术的所有方面，包括快速发展的智能天线市场和基本物理现象。

理查德·那多林克 博士
新港工程科学公司前首席技术官兼研究总监
罗德岛新港海军水下作战中心
2011 年 7 月

前 言

1996 年，在海军水下作战中心（Naval Undersea Warfare Center，NUWC）工作时期，基于等离子体物理和天线工程背景，我开始思考等离子体天线。

不久之后，我通过 NUWC 专利局提交了 10 份关于等离子体天线的专利申请。自 1999 年离开 NUWC 以来，我创立了 Haleakala 研发公司，并在等离子体天线方面获得了十多项发明专利。选择 Haleakala 这个词作为公司的名字，是因为在夏威夷，Haleakala 的意思是"太阳之家"，而等离子体天线就像太阳一样由电离气体组成。

1999 年，我遇到了 Igor Alexeff 教授，此后我们一直在等离子体天线方面进行合作。我们发表了关于等离子体天线、等离子体频率选择表面（Frequency Selective Surface，FSS）和等离子体波导同行评议期刊文章，也在许多会议上提出了专题讨论会的文章。众所周知，Alexeff 教授是一个等离子体实验物理学家，也是我的一个亲密的朋友。Alexeff 教授在实验物理方面的才能推进了等离子体天线技术达到现如今的水平，他的贡献都记录在本书中。

通过我和几位 Haleakala 研发公司顾问的工作，我们开发了几款等离子体天线原型产品，包括智能等离子体天线。智能等离子体天线的视频发布在 www. ionizedgasantennas. com 网站上。

除了等离子体天线，本书还包括等离子体频率选择表面和等离子体波导。

等离子体天线、等离子体频率选择表面和等离子体波导为部分或完全电离的气态，具有比相应金属天线更大的灵活性，因为其具有气体状态和可重构的等离子体密度。等离子体的物理特性使等离子体天线、等离子体频率选择表面和等离子体波导具有金属天线、金属波导和金属频率选择表面所不具备的独特性质。例如，智能等离子体天线运用等离子体物理原理，通过使用称为等离子体窗口的等离子体百叶窗概念来控制和赋形天线波束。这可以用金属百叶窗来实现，但速度和效率要低得多。等离子体的另一个特性是它可以出现和消失，这点金属材料做不到。等离子体频率选择表面提供可重构滤波性能。等离子体波导和等离子体同轴电缆可以用作可重构的馈源，以更好地匹配天线。

等离子体天线确实需要部分电离或完全电离，以传导电流。然而，等离子体天线不需要一直开着。等离子体天线可以根据需要制作，通过如以微秒级脉冲每隔几个毫秒脉冲激励等离子体这样的方法，与连续能量供给相比，维持等离子体的能量可以大大减少。

在固定或静态模式下，等离子体天线产生的辐射方向图，与相同形状和尺寸、以相同功率和频率工作的相应金属天线是一样的。然而，等离子体天线的优势主要在于其具有金属天线所不具备的可重构动态模式。即使在静态模式下，观察到等离子体反射器天线旁瓣也比相应金属反射器天线的低。目前，还没有任何理论可以解释这一现象，这可能是基于等离子体的"软"表面效应。另一个重要的发现是，在较高频率下，等离子体天线的热噪声比相应金属天线的小。这适用于固定和静态以及动态和可重构模式。这是对第12章标准奈奎斯特定理的修正。

较高频率的等离子体天线可以通过较低频率的等离子体天线进行发射和接收，从而消除或减少对天线的同址干扰。

本书为等离子体天线理论、实验、设计和原型开发提供了充分理解的素材。本书中，为不熟悉该主题的读者介绍了基本等离子体物理学。本书的通用性将使等离子体理论研究者、等离子体实验者、天线工程师、微波工程师、原型开发人员、网络通信工程师、无线工程师和业余无线电爱好者都对此感兴趣。涉及未来无线技术的大学、企业和政府实验室应该能从本书中获益。专业人士还将深入了解等离子体天线的技术基础，以及应用方面的重要讨论。

本书中，读者将在第1章中学习到关于等离子体天线和本书的概述，在第2章中学习到足以理解等离子体天线的基本等离子体物理学知识，在第3章中学习到等离子体天线的基本原理、辐射功率、阻抗和热噪声结果。

第4章中介绍了如何使用商用货架产品（Commercial Off-The-Shelf, COTS）材料制作简易等离子体天线；第5章介绍了等离子体天线的一些特性，包括共址干扰这一重要内容；第6章和第7章介绍了智能等离子体天线的研究与开发；第8章是关于电磁波的可重构滤波；第9章介绍了等离子体天线、等离子体波导和等离子体频率选择表面方面广泛的实验研究；第10章给出了智能等离子体天线的替代设计；第11章介绍了反射与折射等离子体卫星天线；第12章介绍了较高频率下，等离子体天线的热噪声小于相应金属天线的热噪声这一显著特性。

人们对等离子体天线的兴趣与日俱增。在Borg的领导下，澳大利亚已经完成了等离子体天线的重大研究工作。全球各地的研究小组正在开始研究和开发等离子体天线。我希望本书能加速人们在等离子体天线、等离子体频率选择表面和等离子体波导方面的兴趣、研究和开发、原型开发与商业化。

致　谢

我非常感谢 Haleakala 研发公司的顾问们在等离子体天线技术方面的贡献，他们的工作在本书中都有所反映，其中包括 Igor Alexeff 教授。Alexeff 教授是一位非常著名的实验等离子体物理学家，也是我亲密的朋友。Alexeff 教授的实验天赋帮助我们将等离子体天线技术提升到目前的水平，他的工作在本书中有详细的记录。我们共同发表了关于等离子体天线、等离子体频率选择表面和等离子体波导的同行评议期刊文章。我们还在许多会议上发表了专题论文。

对 Haleakala 研发公司等离子体天线技术开发做出贡献并反映在本书中的是 Jeff Peck、Fred Dyer 和 Jim Raynolds 博士。

我要感谢 Chuck Nash、Rich Owen、Richard Nadolink 博士和 Barry Ashby，是你们让我接触到等离子体天线在国防部的应用。我还要感谢我的专利律师 Peter Michalos 和 Tom Kulaga 为我申请和处理了等离子体天线专利。我要感谢 Richard Weinstein、Sharon Babbin 和 Jed Babbin 几位律师，为 Haleakala 研发公司提供的法律咨询。我要感谢美国海军海底作战中心的 Theresa Baus 博士和专利律师 Jim Kasischke，他们负责处理因我将 10 项等离子体天线专利转让给美国海军而向 Haleakala 研发公司颁发的海军许可。特别感谢 Nadine J. Morancy 为等离子体天线业务发展所做的工作。我要感谢 CPA PC 公司的 Peter Witts，就等离子体天线合同和会计工作向 Haleakala 研究和发展公司提出的建议。

最后，我要感谢 Artech House 的工作人员，是他们让本书出版成为可能。这些工作人员包括高级策划编辑 Mark Walsh、策划编辑 Deirdre Byrne、执行编辑 Judi Stone 和产品编辑 Erin Donahue。他们都对本书非常支持并为能出版感到兴奋。

目　　录

第 1 章 引 言

本书的目的是向读者介绍等离子体天线相关的理论、实验、原型、概念，及其未来可能性和对其发展前景的推测。

第 2 章涵盖了理解本书其余章节所需的等离子体数学和物理知识，还将等离子体物理学与天线理论中使用的坡印廷（Poynting）矢量联系起来。由坡印廷矢量可以计算方向性和波束宽度等天线参量。

本章引用的参考文献可以贯穿全书，以提高读者对材料的理解。读者可以通过阅读参考文献［1-2］来拓展等离子体物理学知识。参考文献［3-4］或类似的教材可以作为电动力学的参考文献。作者特别推荐阅读参考文献［5］来了解基本的等离子体物理或电动力学。参考文献［6-7］是优秀的天线理论参考文献。由于等离子体物理的流体模型可以用来推导出等离子体天线的坡印廷矢量、强度和方向性，因此参考文献［8］是流体动力学的优秀参考文献。

第 3 章讨论了等离子体天线的基本理论，并给出了等离子体天线的净辐射功率、阻抗和热噪声结果。读者可以按照第 4 章的说明来构建等离子体天线。任何尝试按本章的方法构建等离子体天线的读者，在实施之前，都应咨询有专业证书的电气安全专家。

第 5 章讨论了等离子体天线在天线嵌套、天线阵列堆叠，以及减小共址干扰等方面的优势。作为开发智能天线的一种独特方式，等离子体天线窗口的理论知识将在第 6 章介绍。第 7 章包括了智能等离子体天线的开发[9-19]和一些可能的应用。第 8 章给出了应用等离子体频率选择表面[20]实现可重构和可调电磁滤波的方法。关于传统频率选择表面理论，建议读者参阅参考文献［21］。

第 9 章涵盖了广泛的等离子体天线实验和原型开发内容，还包括关于等离子体天线的加固和小型化的内容。第 10 章介绍了等离子体天线的多极扩展，如作为适合车辆安装的低频电子扫描天线的重要应用。多极扩展理论贯穿参考文献［3］，并可在参考文献［22］中找到。参考文献［23］给出了极好的多极扩展理论。第 11 章给出了各种独特的卫星等离子体天线设计，通过改变等离子体密度来实现电子控制，本章的优秀参考文献是［24］和［25］。第 12 章对等离子体天线热噪声进行了严格的分析，并与金属天线热噪声进行了比较。热噪声方面的优秀参考文献是 [26-29]。

与金属天线相比，等离子体天线具有更多的自由度，使其具有更大的应用可能性。等离子体天线使用部分或全部电离的气体作为导电介质，而不是使用金属来制作天线。等离子体天线的优点是其具有高度的可重构性，以及可以开启和关闭的特性。对于不同等离子体密度下，降低电离气体所需功率的研究是重要的，并已取得了优异的成果。自 1993 年以来，等离子体天线研究主要由美国和澳大利亚的少数团队开展，现正在向全球其他地区扩展。

美国海军研究实验室的 Manheimer 等[30-31]开发了一种反射式等离子体天线，称为"敏捷反射镜"，它可以电子定向，并具有在雷达或电子战系统中提供微波波束电子扫描的能力。

Moisan 等[32]提出，可以通过从一端激励射频等离子体表面波直接驱动等离子体柱。他的论文是澳大利亚 Borg 等[33-34]研究等离子体天线的基础，他们利用表面波激励等离子体柱，Borg 等使用一个电极以简化天线设计，这样形成的等离子体柱就没有使用两个电极的必要了，等离子体柱从馈电点激发出来。他们研究的频率范围在 30~300MHz。

在美国，Alexeff 和 Anderson[35-37]完成了理论、实验工作，并建立了等离子体天线、等离子体波导和等离子体频率选择表面的原型件。他们的研究工作主要集中在如何降低生成较高密度和频率等离子体所需的放电功率、等离子体天线嵌套、减少共址干扰、降低热噪声，以及开发智能等离子体天线。

他们已经制作并测试了频率从 30MHz~20GHz 的等离子体天线，还将 20GHz 频率下等离子体管维持放电所需的功率降低到平均功率为 5W 或更低。这比打开荧光灯所需的功率要小得多。预计电力需求将继续下降。2003 年，Jenn[38]写了一篇关于等离子体天线出色的调查报告，但从那时起又取得了很大的进展。

必须区分等离子体频率和等离子体天线的工作频率之间的区别。等离子体频率是等离子体中电离量的量度，等离子体天线的工作频率与金属天线的工作频率相同。金属天线的等离子体频率是固定在电磁频谱的 X 射线区域的，而等离子体天线的等离子体频率是可以变化的。大多数等离子体天线最典型的应用是当等离子体频率在射频频谱中变化时，这个意义上讲，具有较高（与工作频率相比）且固定等离子体频率的金属天线，是等离子体天线的一个特例。高频等离子体天线是指具有高工作频率的等离子体天线，低频等离子体天线是指具有低工作频率的等离子体天线。不要将等离子体天线的工作频率与等离子体频率或激发频率混淆。

高频等离子体天线可以穿过低频等离子体天线进行发射和接收。对于金属天线来说，这是不可能的。由于这一原理，高频等离子体天线可以嵌套在低频等离子体天线内，并且这个处于内部的高频等离子体天线可以穿过低频等离子体天线进行发射和接收。因而，高频等离子体天线阵列可以通过低频等离子体阵列进行发射和接收。当较大的低频率天线阻挡或部分阻挡较小的较高频率天线的辐射方向图时，就会产生共址干扰。由于高频等离子体天线可以穿过低频等离子体天线进行发射和接收，因而使用等离子体天线可以消除或减少共址干扰。通过关闭除正在发射和/或接收的等离子体天线外的所有等离子体天线（熄灭等离子体）来减少或消除等离子体天线间的干扰，对于金属天线来说是不可能的。如上所述，应注意不要将等离子体天线的工作频率与等离子体频率混淆。等离子体频率与等离子体中未束缚电子密度的平方根成正比。在金属中，等离子体频率是固定的，处于 X 射线频率但在等离子体天线中，等离子体频率可以在整个电磁波谱中变化，特别是射频范围内。该特性赋予等离子体天线一些重构特性。一般规则是，当等离子体天线上的入射电磁波频率大于等离子体频率时，入射电磁波经过等离子体时是否有衰减取决于等离子体频率和入射频率的相对大小。若入射电磁波的频率比等离子体频率低得多，则等离子体的表现与金属相似。等离子体类似金属或介质表现的频率是可以重构的。等离子体频率是等离子体的固有频率，它是等离子体中电离量的量度。该定义贯穿本书的定义和使用。

等离子体天线和金属天线的尺寸都随工作频率的降低而增加，以保持其几何上的共振和高效率。然而，随着等离子体天线工作频率的降低，等离子体天线工作所需的等离子体密度也随之降低。一个经验法则[35-36]是，为确保等离子体天线起到有效的金属天线的效果，等离子体频率应该是等离子体天线工作频率的两倍或更大。因此，可以按随等离子体天线工作频率的降低而降低的原则设计等离子体频率。随着等离子体频率的降低，等离子体天线对更大带宽范围的电磁波变得透明。简而言之，随着等离子体天线尺寸的增大，等离子体天线的雷达散射截面（Radar Cross Section，RCS）减小，而对于对应的金属天线来说，其 RCS 则随着金属天线尺寸的增大而增大。这使等离子体天线与相应的金属天线相比，在低频下具有很大的优势。此外，等离子体天线不会接收比等离子体频率更大的电磁噪声，因为这些频率的电磁波会透过等离子体天线。

在较高频率下，等离子体天线的热噪声小于金属天线的热噪声。较高频率意味着在射频频谱中有一个频率点，在该频率等离子体天线的热噪声等于金属天线的热噪声。与金属天线相比，对于高于该频率点的频率，等离子体天线的热噪声急剧下降。对于低于该频率点的频率，等离子体天线的热噪声大于金属天线的热噪声。对于用作等离子体天线的荧光管，等离子体天线的热噪声等于金属天线的热噪声，相等的频率点约为 1.27GHz。可以通过降低等离子体压力来降低该频率点的值。等离子体天线中的等离子体是由惰性气体产生的，以 Ramsauer-Townsend 效应适用的能量和频率工作。

Ramsauer-Townsend 效应意味着等离子体中的电子绕等离子体中的离子和中性原子发生衍射。这意味着在等离子体中未束缚电子与离子和中性原子的碰撞率很小，比金属中的小得多。这一现象有助于降低等离子体天线与相对应金属天线相比的热噪声水平。

卫星等离子体天线得益于其工作频率较低的热噪声。地面卫星天线指向太空，其热噪声约为 5K。通过使用低噪声等离子体馈源和低噪声接收机，低热噪声、高数据速率的卫星等离子体天线系统是可能的。卫星等离子体天线可以以反射或折射模式工作。卫星等离子体天线不必是抛物线形，可以是平面形，也可以是共形且高效的抛物线形。由一组等离子体管排反射的电磁波，会产生与管中等离子体密度变化相关的相移。除相移是由等离子体密度决定与实际相控阵不同外，这就是一个有效的相控阵。若管内的等离子体密度由计算机控制，则反射波束也可以进行扫描或聚焦，即使等离子体管排是平面的或共形的也是如此。在折射模式下，电磁波的折射取决于等离子体的密度，即使等离子体管排是平的或共形的，也可以控制转向和聚焦。对于二维扫描和/或聚焦，需要两组等离子体管排。在折射工作模式下，喇叭和接收器可以放在卫星等离子体天线的后面，这就消除了在金属卫星天线前面的馈电喇叭和接收机所造成的盲点与馈电损耗。

上述使用一排等离子体管聚焦电磁波的现象也称为会聚等离子体透镜。该透镜可以聚焦电磁波，以减少波束宽度、增加方向性并增加天线范围；也可以创建一个发散的等离子体透镜。会聚和发散等离子体透镜都可以产生可重构的波束宽度。

已开发出高功率等离子体天线，在脉冲模式下可发射 2MW 甚至更大的功率。

为了提高等离子体的密度并降低维持等离子体所需的能量，我们开发了脉冲而不是施加连续能量的等离子体技术。早期使用火花隙技术实现脉冲等离子体。这一技术会产生一些电磁干扰（Electro Magnetic Interference，EMI）噪声，但可以利用电路技术进行抑制。不使用火花隙技术产生脉冲的技术就不会产生电磁干扰。施加连续能量放电并维持电离不会产生 EMI 噪声。

对于用玻璃放电管等离子体构建的等离子体天线，没有观察到其红外特征。这是由于红外辐射不能穿透玻璃，并且等离子体天线中的等离子体不是黑体辐射体。

现已开发出了与等离子体天线相关的等离子体频率选择表面、等离子体波导和等离子体同轴电缆。与金属频率选择表面不同，等离子体频率选择表面具有电磁波可重构滤波的特性。这可能在天线罩的设计方面具有很大的优势。可以通过改变等离子体密度，改变单元的形状，或调节任意数量的 FSS 单元打开或关闭来重构等离子体频率选择表面。等离子体波导和等离子体同轴电缆可以是隐形的等离子体天线，它们可以在低频率下工作，而在高频率下是不可见的。等离子体波导和同轴电缆可以作为等离子体天线的馈源。等离子体馈源和等离子体天线具有可重构阻抗。如果等离子体天线的阻抗发生了变化，可以通过改变等离子体馈源的阻抗来保持阻抗匹配。

在天线的历史上，开发适合陆地车辆和飞机的低频定向与电子扫描天线是很困难的。低频意味着波长与车辆在同一数量级或比车辆大。对于等离子体天线，这是有可能的，可以通过各等离子体天线相互距离在一个波长以内的等离子体天线簇的多极子扩展来实现。这取决于将等离子体天线打开或关闭（熄灭等离子体），以产生等离子体天线的可重构多极子的能力，这些可重构多极子在产生定向和扫描天线波束时可以旋转。对于金属天线来说，这是不可能的，因为金属不能打开和关闭。

在本书中，等离子体天线由放置在等离子体放电管周围的电容套管供电。当然，也可以通过感应方式馈电。

出于研究目的，已经用荧光管和氖管制造等离子体天线，因为它们价格不贵。事实上，可以使用商用货架产品（COTS）管作等离子体天线，这使得等离子体天线更具有优势。对于许多应用或部署来说，全部所需的可能就只有COTS 管。这使得该技术成本更低，更具吸引力。此外，荧光和氖管的广泛应用和通用性可能使它们看起来像是很简单的技术。但是，实际上这项技术很复杂。

等离子体天线的容器采用一种称为 SynFoam 的合成泡沫。当这种合成泡沫固化时，可以制成非常坚固且轻质的管子，用作等离子体天线的管体。这些坚固的管子比较容易制造。

SynFoam[39] 已经过测试，其折射率接近于 1，因此对电磁波是非常透明的。SynFoam 非常耐热。图 7.13 中所示的加固型智能等离子体天线就使用了SynFoam 来作为等离子体的放电管。

康宁（Gorilla）玻璃[40] 和 Lexan 玻璃[41] 管也可作为等离子体放电管。

等离子体天线也可以小型化并采用液晶显示器用的商用冷阴极管[42] 作为放电管。插入塑料管内的球窝玻璃管[43] 可用于制造各种形状的柔性等离子体天线。

总而言之，等离子体天线的等离子体可以容纳在合成泡沫、小型冷阴极管、球窝玻璃管、Lexan 玻璃和 Gorilla 玻璃中。这些材料很容易制造。参考文献［44-72］还可使读者对等离子体天线、等离子体波导、等离子体频率选择表面和等离子体过滤器有更多了解。

参 考 文 献

［1］ Krall，N.，and A. Trivelpiece，*Principals of Plasma Physics*，McGraw-Hill Inc.，1973.

［2］ Chen，F.，*Introduction to Plasma Physics and Controlled Fusion*，Springer，2006.

［3］ Jackson，J. D.，*Classical Electrodynamics*，New York：John Wiley & Sons，1998.

［4］ Ulaby，F. T.，*Fundamentals of Applied Electromagnetics*，Prentice Hall，1999.

［5］ Feynman，R.，R. Leighton，and M. Sands，*The Feynman Lectures on Physics*，Vol. 1 - 3，Pearson Addison Wesley，2006.

［6］ Kraus，J.，and R. Marhefka，*Antennas for All Applications*，*Third Edition*，McGraw-Hill，2002.

［7］ Balanis，C.，*Antenna Theory*，*Second Edition*，John Wiley & Sons，1997.

［8］ Landau，L. D.，and E. M. Lifshitz，*Fluid Mechanics*，*Second Edition*，Vol. 6，Reed Educational & Professional Publishing Ltd.，2000.

［9］ http://www. ionizedgasantennas. com.

［10］ http://www. drtedanderson. com.

［11］ http://ieeexplore. ieee. org/Xplore/login. jsp? url = http% 3A% 2F% 2Fieeexplore. ieee. org% 2Fie15% 2F4345408% 2F4345409% 2F04345600. pdf% 3Farnumber% 3D4345600&authDecision =-203.

［12］ http://www. haleakala-research. com/uploads/operatingplasmaantenna. pdf.

［13］ Anderson，T.，"Multiple Tube Plasma Antenna," U. S. Patent 5，963，169，issued October 5，1999.

［14］ Anderson，T.，and I. Alexeff，"Reconfgurable Scanner and RFID," Application Serial Number 11/879，725. Filed 7/18/2007.

［15］ Anderson，T.，"Confgurable Arrays for Steerable Antennas and Wireless Network Incorporating the Steerable Antennas." U. S. Patent 7，342，549，issued March 11，2008.

［16］ Anderson，T.，"Reconfgurable Scanner and RFID System Using the Scanner". U. S. Patent 6，922，173，issued July 26，2005.

［17］ Anderson，T.，"Confgurable Arrays for Steerable Antennas and Wireless Network Incorporating the Steerable Antennas," U. S. patent 6，870，517，issued March 22，2005.

［18］ Anderson，T.，and I. Alexeff，"Theory and Experiments of Plasma Antenna Radiation Emitted Through Plasma Apertures or Windows with Suppressed Back and SideLobes," *Inter-*

national Conference on Plasma Science, 2002.

[19] Anderson, T. , "Storage And Release Of Electromagnetic Waves by Plasma Antennasand Waveguides," *33rd AIAA Plasmadynamics and Lasers Conference*, 2002.

[20] Anderson, T. , and I. Alexeff, "Plasma Frequency Selective Surfaces," *IEEE Transaction-son Plasma Science*, Vol. 35, No. 2, April 2007, p. 407.

[21] Munk, B. A. , *Frequency Selective Surfaces*, Wiley Interscience, 2000.

[22] Feynman, R. , R. Leighton, and M. Sand, *The Feynman Lectures on Physics*. Vol. 2, Chapter 6, 1966.

[23] Balanis, C. , *Antenna Theory*, *Second Edition*, John Wiley & Sons, pp. 785−835.

[24] Pierce, A. D. , *Acoustics: An Introduction to Its Physical Principles and Applications*, Section 4−4 Dipoles and Quadrupoles, 1989.

[25] Linardakis, P. , G. Borg, and N. Martin, "Plasma−Based Lens for Microwave Beam Steering," *Electronics Letters*, Vol. 42, No. 8, April 13, 2006, pp. 444−446.

[26] Reif, F. , *Fundamentals of Statistical and Thermal Physics*, McGraw − Hill, 1965, pp. 585−589.

[27] Anderson, T. , "Electromagnetic Noise from Frequency Driven and Transient Plasmas," *IEEE International Symposium on Electromagnetic Compatibility*, *Symposium Record*, Vol. 1, Minneapolis, MN, August 19−23, 2002.

[28] Anderson, T. , "Control of Electromagnetic Interference from Arc and Electron Beam Welding by Controlling the Physical Parameters in Arc or Electron Beam: Theoretical Model," *2000 IEEE Symposium Record*, Vol. 2, pp. 695−698.

[29] Pierce, A. D. , *Acoustics: An Introduction to Its Physical Principles and Applications*, Section 2−10, published by the American Physical Society through the American Institute for Physics, 1989.

[30] Manheimer, W. , "Plasma Reflectors for Electronic Beam Steering in Radar Systems," *IEEE Transactions on Plasma Science*, Vol. 19, No. 6, December 1993, p. 1228.

[31] Mathew, J. , et al. , "Electronically Steerable Plasma Mirror for Radar Applications," *IEEE International Radar Conference*, June 1995, p. 742.

[32] Moisan, M. , A. Shivarova, and A. W. Trivelpiece, "Surface Waves on a Plasma Column", *Phys. Plasmas*, Vol. 20, 1982.

[33] Borg, G. , et al. , "Plasmas as Antennas: Theory, Experiment, and Applications," *Physics of Plasmas*, Vol. 7, No. 5, May 2000, p. 2198.

[34] Borg, G. G. , et al. , "Application of plasma columns to radiofrequency antennas," *Appl. Phys. Lett.* Vol. 74, 1999.

[35] Alexeff, I, and T. Anderson. , "Experimental and Theoretical Results with Plasma Antennas," *IEEE Transactions on Plasma Science*, Vol. 34, No. 2, April 2006.

[36] Alexeff, I. , and T. Anderson, "Recent Results of Plasma Antennas," *Physics of Plasmas*,

Vol. 15, 2008.

[37] http://www. aps. org/meetings/unit/dpp/vpr2007/upload/anderson. pdf.

[38] Jenn, D. C., "Plasma Antennas: Survey of Techniques and the Current State of the Art," Naval Postgraduate School, September 29, 2003, http://faculty. nps. edu/jenn/pubs/PlasmaReportFinal. pdf.

[39] http://www. udccorp. com/products/synfoamsyntacticfoam. html.

[40] http://www. corninggorillaglass. com/.

[41] http://en. wikipedia. org/wiki/Lexan.

[42] http://www. jkllamps. com/fles/BF20125-28B. pdf.

[43] http://en. wikipedia. org/wiki/Ground_glass_joint.

[44] Anderson, T.; Plasma Devices For Steering and Focusing Antenna Beams; patent application number 20110025565; Filed July 22, 2010.

[45] Hambling, D., *Scientists Control Plasma for Practical Applications*; Popular Mechanics; July 2010; page 18; http://www. popularmechanics. com/technology/engineering/news/scientists-control-plasma-for-practical-applications.

[46] Ashley, S., Aerial Stealth, *Scientifc American*, February 2008 issue, page 22, "http://www. scientifcamerican. com/article. cfm? id=aerial-stealth".

[47] http://www. aps. org/meetings/unit/dpp/vpr2007/upload/anderson. pdf.

[48] http://www. msnbc. msn. com/id/22113395/ns/technology_and_science-innovation/t/new-radio-antenna-made-star-material/.

[49] http://www. livescience. com/2068-radio-antenna-plasma. html.

[50] http://pop. aip. org/phpaen/v15/i5/p057104_s1? view=fulltext&bypassSSO=1.

[51] http://ieeexplore. ieee. org/Xplore/login. jsp? url=http% 3A% 2F% 2Fieeexplore. ieee. org% 2Fiel5% 2F27% 2F33960% 2F01621284. pdf% 3Farnumber% 3D1621284&authDecision = -203.

[52] http://www. scribd. com/doc/45554477/Operating - Plasma - Antenna, www. scribd. com/doc/45554477/Operating-Plasma-Antenna.

[53] ieeexplore. ieee. org/iel5/27/33960/01621284. pdf? arnumber=1621284.

[54] http://www. mendeley. com/research/experimental-theoretical-results-plasma-antennas/.

[55] http://www. mdatechnology. net/update. aspx? id=a4112.

[56] http://www. afsbirsttr. com/Library/Documents/Innovation - 092908 - Haleakala - AF05 - 041. pdf.

[57] http://www. antennasonline. com/AST-Conf11/ast11_program. php#ha.

[58] Anderson, T., U. S. Pat. No. 6, 806, 833: *Confned Plasma Resonance Antenna and Plasma Resonance Antenna Array*, issued Oct. 19, 2004 with inventor Theodore R. Anderson.

[59] Anderson, T., U. S. Pat. No. 6, 674, 970: *Plasma Antenna with Two - Fluid Ionization Current*, issued Jan. 6, 2004.

［60］ Anderson, T. , U. S. Pat. No. 6, 657, 594: *Plasma Antenna System and Method*, issued Dec. 2, 2003.

［61］ Anderson, T. , Aiksnoras, R. , U. S. Pat. No. 6, 650, 297: *Laser Driven Plasma Antenna Utilizing Laser Modifed Maxwellian Relaxation*, issued Nov. 18, 2003.

［62］ Anderson, T. , U. S. Pat. No. 6, 169, 520: *Plasma Antenna with Currents Generated by Opposed Photon Beams*, issued Jan. 2, 2001.

［63］ Anderson, T. , Aiksnoras, R. , U. S. Pat. No. 6, 087, 993: *Plasma Antenna with Electro Optical Modulator*, issued July 11, 2000.

［64］ Anderson, T. , U. S. Pat. No. 6, 046, 705: *Standing Wave Plasma Antenna with Plasma Reflector*, issued April 4, 2000.

［65］ Anderson, T. , U. S. Pat. No. 6, 118, 407: *Horizontal Plasma Antenna using Plasma Drift Currents*, issued Sept. 12, 2000.

［66］ Anderson, T. , U. S. Pat. No. 6, 087, 992: *Acoustically Driven Plasma Antenna*. issued July 11, 2000.

［67］ Anderson, T. , and I. Alexeff, *Reconfgurable Electromagnetic Waveguide*, U. S. Patent No. 6, 624, 719, issued September 23, 2003.

［68］ Anderson, T. , and I. Alexeff, *Reconfgurable Electromagnetic Plasma Waveguide Used as a Phase Shifter and a Horn Antenna*, U. S. Patent No. 6, 812, 895, issued November 2, 2004.

［69］ Norris, E. , Anderson, T. , Alexeff, I. *Reconfgurable Plasma Antenna*, U. S. Pat. No. HYPERLINK " http://patft. uspto. gov/netacgi/nph – Parser? Sect2 = PTO1&Sect2 = HITOFF&p = 1&u =% 2Fnetahtml% 2FPTO% 2Fsearch – bool. html&r = 1&f = G&l = 50&d = PALL&RefSrch = yes&Query = PN% 2F6369763 " \ l " h0 # h0 " HYPERLINK " http:// patft. uspto. gov/netacgi/nph – Parser? Sect2 = PTO1&Sect2 = HITOFF&p = 1&u =% 2Fnetahtml% 2FPTO% 2Fsearch–bool. html&r = 1&f = G&l = 50&d = PALL&RefSrch = yes&Query = PN% 2F6369763 " \l " h2#h2 " 6,369,763, issued April 9, 2002.

［70］ Anderson, T. , Alexeff, I. , *Antenna Having Reconfgurable Length*, U. S. Pat. No6, 710, 746, issued March 23, 2004.

［71］ Alexeff, I. , Anderson, T. , Norris, E. , *Reconfgurable Plasma Antennas*, U. S. Pat. No6, 876, 330, issued April 5, 2005.

［72］ http://www. pdf–archive. com/2011/03/14/lockheedmartin/lockheedmartin. pdf.

第 2 章 等离子体天线的等离子体物理原理

2.1 等离子体物理学的数学模型

读者可以通过阅读 Krall 和 Trivelpiece[1] 及 Chen[2] 的参考文献来拓展等离子体物理学知识。作者特别推荐费曼的讲义[3]，以了解基本的等离子体物理知识。可以通过由 Liouville 方程控制的多体描述来表述等离子体动力学。由 Liouville 方程可以推导出玻尔兹曼输运方程和无碰撞玻尔兹曼方程或 Vlasov 方程，以给出等离子体的动力学描述。

流体模型更好地描述了等离子体天线的特性。在流体模型中给出了等离子体的宏观变量。这些宏观变量包括密度、粒子通量、速度、电流密度、热通量和压力张量。类似于 Navier-Stokes 方程和经典流体动力学连续性方程给出的描述，等离子体的流体模型由动量方程、连续性方程和麦克斯韦方程组给出。

等离子体物理的双流体模型将电子和离子描述为导电流体，其通过动量传递碰撞及麦克斯韦方程组联系起来。所涉及的方程组包括连续性、动量和麦克斯韦方程组。在双流体方程中，离子和电子被认为是不同粒子。

等离子体物理的单流体模型结合了电子和离子的密度与速度。变量包括总质量密度、质量中心、电场和电荷密度。

通过使用长空间尺度现象、低频和足够频繁以保证等离子体始终各向同性的碰撞，可以得到单流体等离子体物理模型的磁流体动力学方程。

等离子体中的波动现象十分丰富，大部分可以用流体模型描述。在假设小振幅波的波动现象中，可以认为流体方程是线性的。一旦将受扰动的谐波量代入流体方程和麦克斯韦方程组，最终得到的方程是线性的。从得到的线性方程组中，可以解出各种等离子体波现象。

线性化方程组的一个解对应于等离子体频率上的电磁振荡。这些振荡称为等离子体振荡、朗缪尔振荡或空间电荷波，其在冷等离子体中是无色散的，且群速度为零，不会在冷等离子体中传播。等离子体振荡具有非零相速度。

2.2　人工等离子体和一些应用

可以通过施加电场和/或磁场、射频加热和激光激励来产生等离子体。用于产生等离子体的电源类型可以是直流、射频、激光和微波。等离子体的工作压力可以是真空（压力小于 10mTorr（1Torr = 1mmHg）或 1Pa）、中等压力（约 1Torr 或 100Pa），或者大气压（760Torr 或 100kPa）。等离子体可以完全电离或部分电离。使用等离子体的温度来表述，等离子体可以是热等离子体，此时电子和离子温度彼此相等，并与气体的温度相等（$T_e = T_{ion} = T_{gas}$）；也可以是非热等离子体或冷等离子体，此时电子温度远远高于离子温度，而离子温度与气体温度相等（$T_e \gg T_{ion} = T_{gas}$）。还可以用产生等离子体的电极配置来表征等离子体。根据等离子体与磁场的相互作用，可用以下方式表征等离子体：

磁化（离子和电子都被磁场束缚在 Larmor 轨道上）；

部分磁化（电子而不是离子被磁场束缚）；

非磁化（磁场太弱，无法将粒子束缚在轨道上，但可能产生洛伦兹力）。

除天线外，等离子体的各种应用还包括聚变、磁流体发电机、推进和包括荧光管在内的辉光放电等离子体。辉光放电等离子体是通过对两个金属电极之间的气体上施加由直流（Direct Current，DC）或低频射频（<100kHz）的电场而产生的非热等离子体。电容耦合等离子体与辉光放电等离子体相似，但由通常为 13.56MHz 的高频射频电场产生，与辉光放电的不同之处是，其鞘层的强度要小得多。使用等离子体刻蚀和等离子体增强化学气相沉积的微加工和集成电路制造工业都使用电容耦合等离子体。感应耦合等离子体有类似应用，但电极由缠绕在放电体周围的线圈组成，该线圈感应激励等离子体。在一些聚变设计中使用等离子体射频加热。电弧放电等离子体是一种非常高温度下（约10000K）的高功率热放电。电晕放电是通过向尖锐电极尖端施加高电压而产生的非热放电，可用于臭氧发生器和颗粒沉淀器。

2.3　等离子体平板反射和透射基本物理

入射到等离子体矩形平板上的电磁波的反射和传输系数为[4]

$$R = \frac{k_0 - k_p}{k_0 + k_p} \tag{2.1}$$

$$T = \frac{2k_0}{k_0 + k_p} \tag{2.2}$$

式中：k_0 为入射电磁波的波数；k_p 为等离子体中电磁波的波数。

$$k_0^2 c^2 = \omega^2 \tag{2.3}$$

$$k_p^2 c^2 = \omega^2 \left(1 - \frac{\omega_p^2}{\omega^2}\right) \tag{2.4}$$

$$\omega_p = \sqrt{\frac{4\pi n e^2}{m_e}} \tag{2.5}$$

式（2.3）~式（2.5）中：c 为光速；ω 为入射电磁波的频率；n 为自由电子密度和电离量的量度；e 为电子电荷；m_e 为电子质量。式（2.5）称为等离子体频率。它是等离子体的固有频率，是等离子体中电离量的量度。读者不要把等离子体频率与等离子体的工作频率混淆。这里的例子中，等离子体频率采用高斯单位。式（5.1）将等离子体频率转换为 mks 单位制①。若等离子体的密度足够高，则有

$$\omega \leqslant \omega_p \tag{2.6}$$

那么有

$$R = -1 \tag{2.7}$$

和

$$T = 0 \tag{2.8}$$

因此，等离子体会反射频率低于等离子体频率、但幅度和相位相同的波，就像等离子体被理想导体所取代一样。

在这种情况下，电磁波的入射频率远大于等离子体频率，因为在极低密度等离子体的情况下，反射系数 $R=0$，传输系数 $T=1$。

$$\omega \gg \omega_p \tag{2.9}$$
$$R = 0 \tag{2.10}$$
$$T = 1 \tag{2.11}$$

然而，当等离子体密度处于两个极端情况之间时，即

$$\omega \leqslant \omega_{p_p} \tag{2.12}$$

或

$$\omega \geqslant \omega_p \tag{2.13}$$

则出现吸收、反射和传输的组合。

这一现象取决于 ω 和 ω_p 的相对值，而不取决于 ω 和 ω_p 的绝对值。这可能出现在频谱的任何位置。

2.4 等离子体柱散射实验

天线和频率选择表面的基本几何形状是圆柱，圆柱等离子体散射的实验可

---

① mks 单位制，即国际单位制（SI）

以给出等离子体天线和等离子体 FSS 效用的有价值信息。

Tonks[5] 研究了等离子体放电柱，并首次进行了等离子体柱共振频率下的电磁波散射实验。在 Krall 和 Trivelpiece[6] 中可以找到 Tonks 实验的总结。来自信号源的波传播到对应截止长为 10cm 的波导中。热离子电弧放电柱位置与入射波导电场成直角。二向耦合器对入射波的幅度和反射波的幅度进行采样。实验中，测量了等离子体反射的散射功率与入射到等离子体上的功率之比，作为等离子体密度的函数。放电柱是某个压力（10^{-3}Torr）下汞蒸汽的热离子电弧放电，这样等离子体电子密度与放电中的直流电流成正比。等离子体是无碰撞的，因为等离子体电子的平均自由程远大于等离子体的直径。

入射波的波长比等离子体柱的半径大得多，所以等离子体柱附近的电场几乎是无旋的，可以由标量势推导出电场。

在等离子体的内部和外部，电势都满足拉普拉斯方程。

介质–真空界面的边界条件是，电位移的法向分量和电场的切向分量是连续的。在等离子体–空气边界满足这些条件。

满足边界条件就给出了以入射波幅度和频率表征的等离子体内部电势，结果表明，当频率为下式时，等离子体中的场变大（共振）：

$$\omega = \frac{\omega_p}{\sqrt{2}} \qquad (2.14)$$

式中：$\sqrt{2}$ 为圆柱形状的特征值；等离子体频率为

$$\omega_p = \sqrt{\frac{4\pi n_0 e^2}{m}} \qquad (2.15)$$

这是主峰和最大的共振峰。其他和较小的散射峰满足下式所给出的 Bohm-Gross 色散关系：

$$\omega^2 = \omega_p^2 + \frac{3\kappa T}{m_e} k^2 \qquad (2.16)$$

由于等离子体柱在 $\omega = \dfrac{\omega_p}{\sqrt{2}}$ 处共振，因而柱内的电子对驱动电场响应而振荡。这种运动以柱面波形式再辐射或散射入射电场。由于共振时等离子体中电子的运动最大，所以共振时散射的功率最大。

利用这些共振效应来发挥等离子体天线与金属天线相比的优势是可能的。

2.5　等离子体天线应用中的等离子体流体控制方程

等离子体电荷和电流密度分别由以下两个方程确定：

$$\rho(\boldsymbol{r},t)=e[\,p(\boldsymbol{r},t)-n(\boldsymbol{r},t)\,] \tag{2.17}$$

$$\boldsymbol{J}(\boldsymbol{r},t)=e[\,p(\boldsymbol{r},t)\,\boldsymbol{V}_p(\boldsymbol{r},t)-n(\boldsymbol{r},t)\,\boldsymbol{V}_n(\boldsymbol{r},t)\,] \tag{2.18}$$

式（2.18）和式（2.18）中：$p(\boldsymbol{r},t)$ 和 $n(\boldsymbol{r},t)$ 分别为正负电荷的体积数密度；e 为电荷 $n(\boldsymbol{r},t)$（取为正数）的基本单位；$\boldsymbol{V}_p(\boldsymbol{r},t)$ 和 $\boldsymbol{V}_n(\boldsymbol{r},t)$ 分别是与正负电荷相关的速度场。

局部电荷不平衡产生静电势 ϕ，由泊松方程确定：

$$\nabla^2\phi(\boldsymbol{r},t)=-4\pi[\,p(\boldsymbol{r},t)\,]-n(\boldsymbol{r},t) \tag{2.19}$$

注意，本章的方程采用厘米–克–秒单位制（即高斯单位制）。

假定等离子体的电离度固定不变，这样我们就可以假定每种电荷都是局域守恒的。由该假设得到分别将每种荷电粒子的电荷和电流密度联系在一起的连续性方程：

$$\frac{\partial\rho_p}{\partial t}=-\nabla\cdot\boldsymbol{J}_p \tag{2.20}$$

及

$$\frac{\partial\rho_n}{\partial t}=-\nabla\cdot\boldsymbol{J}_n \tag{2.21}$$

其中，对单个电荷和电流密度，采用如下定义：

$$\rho_p(\boldsymbol{r},t)=ep(\boldsymbol{r},t) \tag{2.22}$$

$$\boldsymbol{J}_p(\boldsymbol{r},t)=e\boldsymbol{V}_p(\boldsymbol{r},t)p(\boldsymbol{r},t) \tag{2.23}$$

$$\rho_n(\boldsymbol{r},t)=-en(\boldsymbol{r},t) \tag{2.24}$$

$$\boldsymbol{J}_n(\boldsymbol{r},t)=-e\boldsymbol{V}(\boldsymbol{r},t)n(\boldsymbol{r},t) \tag{2.25}$$

为得到一组线性方程，考虑相对于电中性的微小偏差。因而可写出：

$$p(\boldsymbol{r},t)=p_0+\delta p(\boldsymbol{r},t) \tag{2.26}$$

$$n(\boldsymbol{r},t)=n_0+\delta n(\boldsymbol{r},t) \tag{2.27}$$

其中，对于电中性系统 $n_0=p_0$，假设 δp 和 δn 是小量，用式（2.26）和式（2.27）将连续性方程线性化为

$$\frac{\partial\rho_p}{\partial t}=-ep_0\nabla\cdot\boldsymbol{V}_p \tag{2.28}$$

$$\frac{\partial\rho_n}{\partial t}=+en_0\nabla\cdot\boldsymbol{V}_n \tag{2.29}$$

最后，速度场的变化受牛顿运动方程的约束，对于正电荷：

$$M\left[\frac{\mathrm{d}\boldsymbol{V}_p}{\mathrm{d}t}+\gamma_p\boldsymbol{V}_p\right]=+e\left[\boldsymbol{E}(\boldsymbol{r},t)-\nabla\phi(\boldsymbol{r},t)-\frac{\partial\boldsymbol{A}}{\partial t}\right] \tag{2.30}$$

对于负电荷：

$$M\left[\frac{\mathrm{d}V_n}{\mathrm{d}t}+\gamma_n V_n\right]=+e\left[E(r,t)-\nabla\phi(r,t)-\frac{\partial A}{\partial t}\right] \tag{2.31}$$

式（2.30）和式（2.31）中：E 为外部施加的电场；M 为带正电荷粒子（特指离子）的质量；A 为磁矢势。式中还包括对带正电荷粒子和带负电荷粒子分别用碰撞频率 γ_p 和 γ_n 为特征的唯象阻尼项。

现在通过对式（2.18）取微分，并代入式（2.28）~式（2.31）推导电流密度的运动方程，得

$$\frac{\partial J}{\partial t}=e^2\left(E-\nabla\phi-\frac{\partial A}{\partial t}\right)\left[\frac{p_0}{M}+\frac{n_0}{m}\right]+eV_p(-p_0\nabla\cdot V_p)-eV(-n_0\nabla\cdot V_n) \tag{2.32}$$

式中：m 为带负电荷粒子（通常是电子）的质量。

接下来，通过去掉式（2.32）中的最后两项进行线性化。注意到通常情况离子质量远大于电子质量，即 $M\gg m$，表明可以忽略式（2.32）中的 p_0/M 一项，从而进行另一个简化。从物理上来说，这相当于假设正电荷密度基本保持为常数 p_0。

这就完成了流体模型的推导。必须同时求解以下三个线性方程：

$$\frac{\partial J}{\partial t}+\gamma J=\frac{\omega_p^2}{4\pi}\left(E-\nabla\phi-\frac{\partial A}{\partial t}\right) \tag{2.33}$$

$$\frac{\partial\rho}{\partial t}=\nabla\cdot J \tag{2.34}$$

$$\nabla^2\phi=-4\pi\rho \tag{2.35}$$

这里，省去了碰撞频率的下标（$\gamma_n\to\gamma$），并引入等离子体频率，再次给出其定义为

$$\omega_p=\sqrt{\frac{4\pi n_0 e^2}{m}} \tag{2.36}$$

这是没有外加电场情况下的自由等离子体振荡频率（即 $E=0$ 的情形）。

2.6　圆柱形等离子体上的入射信号

下面给出将等离子体流体方程应用到圆柱形等离子体时的结果。假设用入射电场表示的天线信号是极化方向沿等离子体柱长度方向的平面波。式（2.33）中的场可简化为

$$E(r,t)=\hat{z}E_0\cos(\omega t-k_\perp\cdot r) \tag{2.37}$$

式中：$\boldsymbol{k}_\perp$ 为传播矢量，处于 x-y 平面内。假定等离子体在一个长度为 L、沿 z 轴方向、半径为 a 的正圆柱体透明容器内。我们只关注波长范围在 $0 \le \lambda \le L$ 的入射波，并假定 $a \ll L$（实际上，取 $a = 6/L$）。基于这一假设，可以忽略式（2.37）中相位因子的空间相关性，得

$$\boldsymbol{E}(\boldsymbol{r},t) = \hat{z}E_0\cos(\omega t) \tag{2.38}$$

2.7　等离子体天线电流密度的傅里叶展开

式（2.33）~式（2.35）可以组合起来给出关于等离子体天线电流密度 $\boldsymbol{J}$ 的单一方程，它可以通过应用合适边界条件的傅里叶变换求解得到。物理上，柱形容器末端的电流密度必须为 0（即 $J(z=0;t) = J(z=L;t) = 0$）。因此，可以用正弦傅里叶级数展开电流密度：

$$\boldsymbol{J}(\boldsymbol{r},t) \equiv \boldsymbol{J}(z,t) = \hat{z}\cos(\omega t + \alpha) \sum_1^\infty a_l \sin(l\pi z/L) \tag{2.39}$$

通过简化式（2.34）和式（2.35），并将式（2.39）代入，可得

$$\nabla \phi = \frac{4\pi}{\omega}\sin(\omega t + \alpha) \sum_1^\infty \sin(l\pi z/L) \tag{2.40}$$

及

$$\frac{\partial \boldsymbol{J}}{\partial t} = -\omega\hat{z}\sin(\omega t + \alpha) \sum_1^\infty \sin(l\pi z/L) \tag{2.41}$$

2.8　等离子体天线坡印亭矢量

等离子体天线的强度方向与时间平均坡印廷矢量有关。可以通过计算远场中的电势和场来求解这些量。

在远场近似中，矢量势和标量势分别由下列两式给出：

$$\boldsymbol{A}(\boldsymbol{r},t) = \frac{e^{-jkr}}{rc}\int d\boldsymbol{r}' \boldsymbol{J}(\boldsymbol{r},t) e^{j\hat{r}\cdot\boldsymbol{r}'k} \tag{2.42}$$

$$\phi(\boldsymbol{r},t) = \frac{e^{-jkr}}{r}\int d\boldsymbol{r}' \rho(\boldsymbol{r},t) e^{j\hat{r}\cdot\boldsymbol{r}'k} \tag{2.43}$$

其中，单位矢量 $\hat{\boldsymbol{n}}$ 指向观测点的方向 $\hat{\boldsymbol{n}} = \boldsymbol{r}/r$。

就这点来讲，式（2.42）和式（2.43）中将时间相关性和空间相关性切换到复指数表示是很方便的：

$$\cos(\omega t + \alpha) e^{-jkr} \to e^{j(\omega t + \alpha - kr)} \tag{2.44}$$

和

$$\sin(\omega t+\alpha)\,e^{-jkr}\rightarrow-je^{j(\omega t+\alpha-kr)} \tag{2.45}$$

将式（2.17）和式（2.39）代入式（2.42）和式（2.43），并调用式（2.44）和式（2.45），就得到了可以解析求解的矢量势和标量势的积分。

一旦由等离子体流体方程得到等离子体电流和电荷密度，就可以求解等离子体天线远场电势。计算电势后，就可以计算相应的电场：

$$\boldsymbol{E}=\nabla\phi-\frac{1}{c}\frac{\partial\boldsymbol{A}}{\partial t} \tag{2.46}$$

其中

$$c^2\,\nabla\cdot\boldsymbol{A}+\frac{\partial\phi}{\partial t}=0 \tag{2.47}$$

以及

$$\boldsymbol{B}=\nabla\times\boldsymbol{A} \tag{2.48}$$

在计算式（2.46）与式（2.48）的微分时，只需要保留 $O(1/r)$ 阶项，因为这些是唯一对远场有贡献的项。特别是，我们发现由 $\nabla\phi$ 导出的最低阶项的阶数是 $O(1/r^2)$，因此可以忽略。

$$\boldsymbol{P}=\left[\frac{c}{8\pi}\mathrm{Re}\left[\boldsymbol{E}\times\boldsymbol{B}^*\right]\right] \tag{2.49}$$

一旦得到了时间平均坡印亭矢量，就可以计算等离子体天线的总辐射功率、强度方向图和方向性。

时间平均坡印廷矢量的径向分量为

$$P_r=\left[\frac{c}{8\pi}\mathrm{Re}\left[\boldsymbol{E}\times\boldsymbol{B}^*\right]\right]\cdot\hat{n}=\frac{c}{8\pi}\mathrm{Re}\left[E_\theta B_\phi^*-E_\phi B_\theta^*\right] \tag{2.50}$$

其中，因为 $E_\phi=0$，消掉了公式右边的最后一项。由于只保留 $O(1/r)$ 阶项，我们发现 $B_\phi\approx\partial A_\theta/\partial r$ 及 $E_\theta=(-1/c)\,\partial A_\theta/\partial t$，其中我们使用了关系式 $\hat{z}=\hat{r}\cos\theta-\hat{\boldsymbol{\theta}}\sin\theta$ 来从式（2.42）中提取 A_θ，得

$$E_\phi(\boldsymbol{r},t)=B_\theta(\boldsymbol{r},t) \tag{2.51}$$

将式（2.51）代入式（2.50），除以入射通量，有

$$P_{\mathrm{inc}}=\frac{c}{8\pi}\,|E_0|^2 \tag{2.52}$$

得到弹性微分散射截面：

$$\frac{\mathrm{d}\sigma_{\mathrm{el}}}{\mathrm{d}\Omega}=r^2\,\frac{P_r}{P_{\mathrm{inc}}} \tag{2.53}$$

对其积分得到总弹性散射截面：

$$\sigma_{el} = \int \left(\frac{d\sigma_{el}}{d\Omega}\right) d\Omega = 2\pi \int \left(\frac{d\sigma_{el}}{d\Omega}\right) \sin\theta d\theta \tag{2.54}$$

2.9 等离子体天线的几种有限元求解技术

通过与入射电磁波相比等离子体频率大这一限定条件来表征良导体。在等离子体频率为零的极限情况下，等离子体单元将变得完全透明。

现在我们转向电磁波与单位半径部分导电至完全导电的等离子体柱相互作用这一问题的数值解（与 Esmaeil Farshi 2007 年的私人通信）。等离子体柱体的电导率和散射特性由入射波频率和等离子体频率的关系确定。求解电场的波动方程：

$$\nabla^2 E = \frac{1}{c^2}\frac{\partial^2 D}{\partial^2 t} \tag{2.55}$$

所服从的边界条件是，在圆柱边界处切向电场和磁场必须是连续的且需考虑单频点入射平面波与等离子体柱的相互作用。

对于圆柱形，波动方程可采用贝塞尔方程的形式：

$$\frac{\partial^2 E}{\partial^2 \rho}+\frac{1}{\rho}\frac{\partial E}{\partial \rho}+\frac{1}{\rho^2}\frac{\partial^2 E}{\partial \varphi^2}+\varepsilon k^2 E=0 \tag{2.56}$$

式中：$k=\omega/c$；(ρ,φ)为柱面极坐标。

这里给出了用有限元代码求解这些方程的几个解。图 2.1 是当前问题的示意图，显示了电磁波以垂直角度入射与单位半径等离子体圆柱体相互作用的示意图。

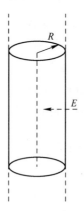

图 2.1 单位半径的等离子体柱

在线性近似中，均匀等离子体媒质中的感应电荷和电流仅代表媒质中波传播特征相对于真空情况的改变（即复折射率的改变）。在这种情况下，传播波的频率和色散定律是严格不变的。当媒质中存在波动时，情况发生显著变化。因此，若带电粒子的密度发生波动，则感应电流也会发生波动，即出现天线频率变化和传播取向（散射），甚至是产生另一种波（变换）。反过来，新的波也会改变等离子体的状态，产生与之相关的感应电流，并且它们也能影响基波的传播。在等离子体中会发生场与电流之间复杂的非线性相互作用过程。我们可以假设入射波的场以及要指定的等离子体参数，分别处理入射波和散射波。

这里我们考虑了电磁波在等离子体中的散射过程。从研究波的传播和吸收的角度来看，这一过程本身具有重要的价值。为简单起见，我们只讨论各向同性等离子体。于是，可以断言，在对所传播的波透明的区域 $\omega > \omega_p$，等离子体可以视为纯电子气体，还可以忽略与介电常数空间色散相关的影响，并有

$$\varepsilon(\omega) = 1 - \frac{\omega_p^2}{\omega^2} \qquad (2.57)$$

可以用作介电常数，并计算等离子体中电场的屏障穿透性与 ω/ω_p 的关系。

对于各种 ω/ω_p 情况下的有限元代码求解结果，绘制了单位半径等离子体圆柱内各点处的电场，如图 2.2~图 2.4 所示。在所有情况下，对电场的幅度进行了归一化，最大值为 1。读者可以忽略这些图周围的有限元代码信息。

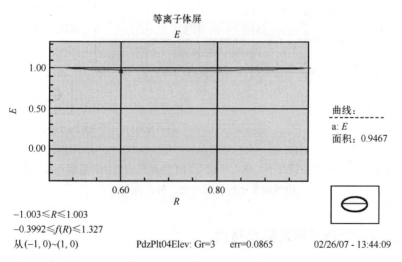

图 2.2　对于 $\omega = 3\omega_p$ 情形，单位半径等离子体圆柱对入射电磁波是透明的。电场的幅度以最大值为 1 进行了归一化

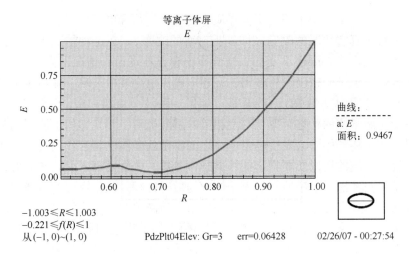

图 2.3　在 $\omega = 0.1\omega_p$ 情况下，单位半径等离子体柱内入射波强烈衰减。
电场幅度归一化，最大值为 1

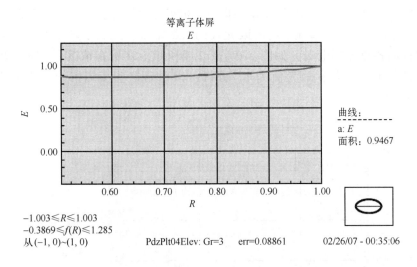

图 2.4　在 $\omega = 0.5\omega_p$ 情况下，单位半径等离子体圆柱内电场幅度有一定的衰减。
电场幅度进行了归一化，最大值为 1

2.9.1　等离子体屏障穿透性

根据已展示和未展示的结果，我们在图 2.5 中绘制了电场的等离子体屏障穿透性与 ω/ω_p 的关系图。

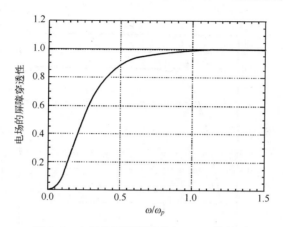

图 2.5　电场的屏障穿透性与 ω/ω_p 的关系

2.9.2　尺度函数计算

在 2.9.1 节中，我们绘制了电场的屏障穿透性与 ω/ω_p 的关系。可以由完美导电圆柱的计算结果得到部分导电圆柱散射的分析结果。部分导电和完美导电的圆柱散射的区别在于电流模式幅度的不同。

部分导电的圆柱体的反射率可以由完美导电圆柱体的反射率来确定，方法是通过选择合适的尺度函数对完美导电圆柱体的反射率进行缩比处理。该结论源于反射率与散射单元上电流分布的幅度平方成正比这一事实。

我们将尺度函数定义为

$$S(v, v_p) = 1.0 - |E_{\text{out}}|^2 \qquad (2.58)$$

式中：E_{out} 为预估的恰好在圆柱体外的总切向电场。显然，从 2.9.1 节的结果来看，对于固定的入射频率 v，尺度函数有以下值：

$$0.0 \leqslant S(v, v_p) \leqslant 1.0 \qquad (2.59)$$

而等离子体频率的取值为

$$0.0 \leqslant v_p \leqslant \infty \qquad (2.60)$$

我们计算了尺度函数与 ω/ω_p 的关系，该函数是通过采用有限元代码，针对无限长、单位半径、部分导电圆柱体的散射问题求解得到的。因而，根据这些结果，我们绘制了电场的尺度函数图，如图 2.6 所示。在 8.2.2 节中也使用了该尺度函数。

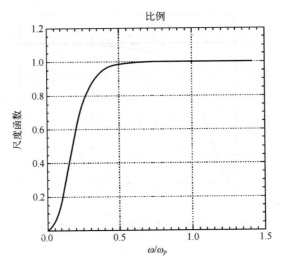

图 2.6　圆柱形下，单位半径圆柱散射的尺度函数与 ω/ω_p 的关系

参 考 文 献

[1] Krall, N., and A. Trivelpiece, *Principles of Plasma Physics*, McGraw-Hill Inc., 1973.

[2] Chen, F. F., *Introduction to Plasma Physics and Controlled Fusion*, *Volume 1*, Second Edition, Springer, 1984.

[3] Feynman, R., R. Leighton, and M. Sands, *The Feynman Lectures on Physics*, Com-memorative Issue, Three Volume Set, Addison-Wesley, 1989.

[4] Krall, N., and A. Trivelpiece, *Principles of Plasma Physics*, McGraw-Hill Inc., 1973, Section 4.5.1.

[5] Tonks, L., "The High Frequency Behavior of a Plasma," *Phys. Rev.* Vol. 37, 1931, p. 1458.

[6] Krall, N., and A. Trivelpiece, *Principles of Plasma Physics*, McGraw-Hill Inc., 1973, pp. 157-167.

第3章 等离子体天线基础理论

3.1 中心馈电偶极等离子体天线的净辐射功率

对于等离子体天线，可以用等离子体流体模型[1-2]来计算等离子体天线的特性。例如，我们通过推导一个具有三角形电流、中心馈电偶极子的等离子体天线的净辐射功率来得到解析解。为简便起见，将方程线性化，并考虑一维情形，其中作为偶极子天线的等离子体天线沿 z 轴取向。

等离子体中电子运动的动量方程为

$$m\left(\frac{\mathrm{d}\upsilon}{\mathrm{d}t}+\nu\upsilon\right)=-q\left(E\mathrm{e}^{\mathrm{j}\omega t}-\nabla\phi\right) \tag{3.1}$$

式中：m 为电子的质量；υ 为流体模型中的电子速度；ν 为碰撞频率；e 为电子电荷；E 为电场；ω 为所施加的电磁波频率（rad/s）；ϕ 为电势。

等离子体中的电子连续性方程为

$$\frac{\partial n}{\partial t}+n_0\frac{\partial \upsilon}{\partial z}=0 \tag{3.2}$$

式中：n 为受扰动的电子密度；n_0 为背景等离子体密度。

将动量方程与连续性方程结合得

$$n=\frac{\mathrm{j}n_0q}{\omega(v-\mathrm{j}\omega)}\left[\frac{\partial E}{\partial z}-\frac{\partial^2\phi}{\partial z^2}\right] \tag{3.3}$$

高斯定律表示为

$$\frac{\partial^2\phi}{\partial z^2}=\frac{qn}{\varepsilon} \tag{3.4}$$

等离子体的介电常数定义为

$$\varepsilon=1-\frac{\omega_p^2}{\omega(\omega-\mathrm{j}v)} \tag{3.5}$$

式中：ω_p 为等离子体频率，即

$$\omega_p = \sqrt{\frac{nq^2}{\varepsilon_0 m}} \tag{3.6}$$

假设等离子体天线如 Balanis[3] 给出的那种,即具有三角形电流分布的中心馈电偶极子天线,将式(3.4)~式(3.6)代入式(3.3),并沿天线长度进行积分,得到等离子体天线的偶极矩:

$$p = a\frac{q^2 n_0 E_0 d}{2m[\omega(\omega + jv) - \omega_p^2]} \tag{3.7}$$

式中:a 为等离子体天线的横截面积;d 为等离子体天线的长度。

总辐射功率为

$$P_{rad} = \frac{k^2 \omega^2}{12\pi\varepsilon_0 c}|p|^2 \tag{3.8}$$

式中:k 为波数。

将式(3.7)代入式(3.8)得

$$P_{rad} = \left(\frac{\varepsilon_0 a^2}{48\pi c}\right)(kd)^2(\omega_p^4)\frac{(\omega E_0)^2}{[(\omega^2 - \omega_p^2)^2 + v^2\omega^2]} \tag{3.9}$$

在式(3.9)中,可以看到等离子体天线的净辐射功率是等离子体频率和碰撞率的唯一函数。

3.2 等离子体天线的可重构阻抗

由满足等离子体中 Helmholtz 方程磁矢量势的 z 分量开始:

$$r^2\frac{d^2}{dr^2}A_{zv}(kr) + r\frac{d}{dr}A_{zv}(kr) + (k^2 r^2 - v^2)A_{zv}(kr) = 0 \tag{3.10}$$

通过磁矢量势的旋度求磁场为

$$\boldsymbol{H} = \nabla \times \boldsymbol{A} = \begin{vmatrix} \boldsymbol{r} & r\boldsymbol{\phi} & \boldsymbol{k} \\ \dfrac{\partial}{\partial r} & \dfrac{\partial}{\partial \phi} & \dfrac{\partial}{\partial z} \\ A_r & rA\phi & A_z \end{vmatrix} \tag{3.11}$$

$$\boldsymbol{H} = -\frac{\partial A_z}{\partial r} \tag{3.12}$$

$$E_z = -j\omega\mu A_z \tag{3.13}$$

在柱坐标系中,我们得到磁场和电场。然后就可以得到天线上的电流和电压。通过取电压与电流的比值,可得到等离子体天线的阻抗。在柱坐标系中,

24

矢量方程满足 Helmholtz 方程，其解用贝塞尔函数表示。

对于小于等离子体频率的频率，贝塞尔函数的参数为虚数；对于大于等离子体频率的频率，贝塞尔函数的参数为实数。等离子体中的波数为

$$k = k_0 \sqrt{1 - \frac{\omega_p^2}{\omega^2}} = -\mathrm{j}k_0 \sqrt{\left(\frac{\omega_p^2}{\omega^2} - 1\right)} \tag{3.14}$$

矢量势满足贝塞尔方程并有如下解：

$$A_{zv} = J_v(\mathrm{j}k_0\gamma) \tag{3.15}$$

其中

$$k = -\mathrm{j}k_0\gamma \tag{3.16}$$

$$\gamma = \sqrt{\frac{\omega_p^2}{\omega^2} - 1} \tag{3.17}$$

$$\omega < \omega_p \tag{3.18}$$

阻抗变成：

$$Z = \frac{V}{I} = \frac{-\mathrm{j}\omega\mu l A_z(kr)}{\pi a^2 \dfrac{\partial A_z(kr)}{\partial r}} = \frac{\mathrm{j}\omega\mu l I_0(k_0\gamma r)}{\pi a^2 k_0\gamma I_1(k_0\gamma r)} \tag{3.19}$$

通过改变等离子体密度，可以改变 γ，从而重构等离子体天线与连接线或馈源和/或自由空间之间的阻抗。

3.3　等离子体天线中的热噪声

对之前关于热噪声的推导，请参阅 Anderson[4-6]。热噪声电压 $V(t)$ 的相关性由下式给出：

$$R_i(\tau) = \langle V_i(t) V_i(t+\tau) \rangle = V_i^2(-\tau/\tau_0) \tag{3.20}$$

假设等离子体热噪声的随机性质为泊松分布。利用 Wiener-Khintchine 定理[7-8]，可得到等离子体的噪声功率谱密度。

$$H(f) = 4\int_0^\infty R(\tau)\cos(2\pi f\tau)\,\mathrm{d}\tau$$
$$= 4\sum_i \int_0^\infty \langle V_i \rangle^2 \exp(-v\tau)\cos(2\pi f\tau)\,\mathrm{d}\lambda \tag{3.21}$$

式中：R 为等离子体中的电阻；e 为电子的电荷。

电压波动 V 与电子速度波动 u 的关系如下：

$$V_i = R\frac{e}{l}u_i \tag{3.22}$$

因此，热噪声功率谱密度变为

$$H(f) = 4\left(\frac{\mathrm{Re}}{l}\right)^2 \langle u \rangle^2 \int \exp\left(\frac{-\tau}{\tau_0}\right)\cos(\omega\tau)$$

$$= 4\left(\frac{\mathrm{Re}}{l}\right)\langle u \rangle \frac{\tau_0}{1+\omega^2\tau_0^2} \tag{3.23}$$

$$= 4\left(\frac{\mathrm{Re}}{l}\right)^2 \langle u \rangle^2 \frac{1/v}{1+(\omega/v)^2}$$

式中：v 为碰撞率。利用动力学理论关系：

$$\frac{1}{2}m\langle u \rangle^2 = \frac{1}{2}kT \tag{3.24}$$

以及电导率关系：

$$\sigma = \frac{ne^2}{mv} \tag{3.25}$$

将这些量代入等离子体噪声功率谱密度，可得

$$H(f)_{\mathrm{plasma}} = 4kT\frac{R}{1+\dfrac{\omega^2}{v^2}} \tag{3.26}$$

对于实体载流金属：

$$H(f)_{\mathrm{metal}} = 4kTR \tag{3.27}$$

因此，在一定条件下（第 12 章），等离子体天线的热噪声小于相应金属天线的热噪声。第 12 章给出了热噪声更严格的推导。

参 考 文 献

[1] Krall, N., and A. Trivelpiece, *Principles of Plasma Physics*, New York: McGraw–Hill, 1973, pp. 84−98.

[2] Chen, F., *Introduction to Plasma Physics and Controlled Fusion*, *Volume* 1, 2nd ed., New York: Plenum Press, 1984, pp. 53−78.

[3] Balanis, C., *Antenna Theory*, 2nd ed., 1997, New York: John Wiley & Sons,, p. 143.

[4] Anderson, T., "Electromagnetic Noise from Frequency Driven and Transient Plasmas," *IEEE International Symposium on Electromagnetic Compatibility*, *Symposium Record*, Vol. 1, Minneapolis, MN, August 19−23, 2002.

[5] Anderson, T., "Control of Electromagnetic Interference from Arc and Electron Beam Welding

by Controlling the Physical Parameters in Arc or Electron Beam: Theoretical Model," *2000 IEEE Symposium Record*, Vol. 2, pp. 695-698.

[6] http://www. mrc. uidaho. edu/ ~ atkinson/Huygens/PlasmaSheath/01032529. pdf.

[7] Reif, F. , Fundamentals of Statistical and Thermal Physics, 1965, McGraw-Hill, pp. 587-589, 585-587.

[8] Pierce, A. D. , "Acoustics: An Introduction to Its Physical Principles and Applications", *Acoustical Society of America*, 1989, pp. 85-88.

第 4 章　制作基本的等离子体天线

4.1　引　言

可以制作一个简单的等离子体天线来演示基本操作或作为课程项目（与 Fred Dyer 的私人通信，2011）。幸运的是，对于易于组装的等离子体天线来说，普通的荧光灯泡是等离子体单元充足而便宜的原料。有多种适用于各种频率和应用的现成的尺寸与形状。可能最有用的荧光灯泡是 U 形的，其电极端可以放在金属外壳内，仅玻璃管暴露出来作为天线（图 4.1）。

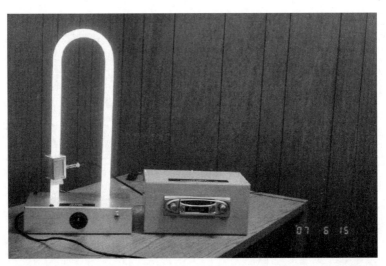

图 4.1　使用标准 U 形荧光灯和镇流器的等离子体天线。可变电压互感器控制
　　　　等离子体电流和密度。右边的盒子里是调频（Frequency Modulation，FM）
　　　　接收器，用一根同轴电缆连接到荧光灯周围的电容耦合器（在灯的左边）

4.2　电气安全警告

任何试图按照本章方法制作等离子体天线的人，在继续进行之前，都应该

咨询持有执照的电气安全专家。咨询后按下列步骤进行。使用三相接地电源线并将绿色接地线牢固地连接到金属外壳上。安装适当尺寸的熔断器或断路器以防短路或过载。在进行改动或内部工作之前，务必要拔掉设备的插头。电池供电的等离子体天线也含有潜在致命的高电压。启动荧光灯需要几百伏电压。在内部工作之前，断开电池和放电电容器之间的连接。

4.3　制作基本的等离子体天线：设计一

图 4.1 所示的等离子体天线用作标准 88~108-MHz FM 广播波段的接收机。大铝盒用作荧光灯管的底座，用于放置镇流器和可变电压变压器，并用作射频屏蔽，以确保只有管内的等离子体用作天线。使用与放电管相适应的标准磁镇流器，并使用自耦变压器（Variac）这个可变电压变压器控制镇流器的输入电压。一旦灯管以全 115V 输入交流电压启动，自耦变压器可用来降低镇流器的电源电压，从而降低荧光灯的平均电流。

荧光灯内的等离子体就像一根相同形状的电线一样充当天线。注意包裹灯管的小射频（Radio Frequency，RF）耦合盒（图 4.1）。这个盒子有一个 BNC（Bayonet Neill-Concelman）连接器和同轴电缆连接到包含 FM 收音机的盒子（图 4.1 的右边）。耦合到等离子体柱的 RF 功率是通过绕放电管一小段长度的金属套筒实现的（图 4.2）。这为 RF 信号从放电管内的等离子体柱到同轴电缆，然后到 FM 接收机提供了电容耦合。

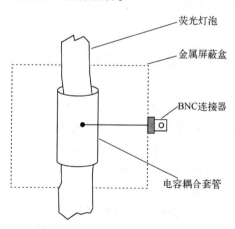

图 4.2　作为天线馈源的等离子体电容套管耦合，也可以使用电感耦合

为测试等离子体天线，首先打开荧光灯，并将自耦变压器调到 115V 交

流。然后打开 FM 收音机，调到任意 FM 广播电台。荧光灯关掉天线就会停掉，并且也不再能听到 FM 广播电台信号，只有静电声。可以通过降低自耦变压器上的电压来降荧光灯的电流（因而降低等离子体密度）。随着电流（等离子体密度）慢慢降低，你会注意到存在一个点，该点处 FM 广播电台接收信号消失为静电声。与荧光灯的正常工作电流相比，这个阈值电流会很低，并且从灯管中发出的光将会明显变暗。

这里描述的等离子体天线使用的是标准磁性镇流器，但电子镇流器（也是特定灯的标准）同样可以正常工作。这些镇流器使用交流电压和电流来控制荧光灯，产生可能对接收信号射频干扰的电噪声。这就是为什么使用 FM 收音机的原因，它完全不受镇流器引起的调幅（Antenna Management，AM）电噪声影响。如果用恒流直流电源替代标准的荧光灯镇流器，就可以制作类似的AM 天线。没有了镇流器的噪声，就可以很容易接收到标准 500～1600kHz AM电台的信号。AM 波段的频率远低于 FM 波段，因此需要更低的对应电流（和等离子体密度）。可以通过在高压电源和荧光灯之间连接一个内嵌串联电阻，来制备一个简单的直流电源。电源的开路电压必须高到足以点燃等离子体，并且串联电阻器将电流限制在一个合适的恒定工作点。

使用开关电源作为直流电源会导致 AM 接收出现问题。电源中开关振荡器发出的谐波往往会对所要接收的 AM 信号产生干扰。简单的模拟高压电源具有不产生高频噪声的优点。若需要开关电源的体积小、效率高，则可以将开关电源屏蔽在单独的有滤波器的盒子里，或者使用专门为低射频发射而设计的专用开关电源。

4.4　制作基本的等离子体天线：设计二

图 4.3 给出了一个类似使用较小荧光灯的等离子体天线。容式射频耦合套管和小型电池供电袖珍 FM 收音机都装在一个单独的小铝盒内。带有电源开关的微型电子镇流器放置在黑色塑料盒内。图 4.3 中没有显示出来的是一个也连接到镇流器上的插入式 12V 电源。在袖珍收音机的调频控制和功率/音量控制位置上粘有绝缘塑料棒。这些塑料棒通过铝盒上的孔连接到图 4.3 所示的两个小旋钮上。塑料棒用来防止射频干扰通过金属连接棒传进盒子。将电容耦合器和收音机放在同一个盒子中的优点是，可以消除由外部电缆和另外的安放 FM接收机的盒子引起的射频干扰。

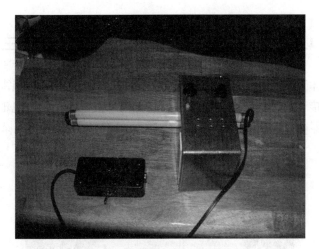

图 4.3　紧凑型等离子体天线，带电池供电的 FM
收音机和可拆卸的荧光灯管

4.5　材　　料

简单的电池供电等离子体天线所需材料为：

（1）一个小型袖珍调频收音机，带有音量和调频控制功能，这些功能可以通过黏接延伸到金属外壳外部塑料棒（约 1/4 英寸（1 英寸 = 2.54cm））来进行控制。

（2）铝盒或钢盒。铸铝外壳最好用，因为它只有一个用螺丝固定的盖板。

（3）镇流器。可以从电池供电的壁橱荧光灯上取一个 12V 的直流电镇流器，这种荧光灯可以从家得宝（HomeDepot）或沃尔玛（Walmart）等商店买到。

（4）12V 电池，最好是可充电的。一个小的 1A·h 电池可以给灯供电大约 2h。

（5）荧光灯。PLL18/65 或类似的台灯。任何小的灯都可以用。荧光灯不需要专门设计成能与镇流器一起工作。

可以用一根短电线把信号从荧光管和套管耦合器传送到收音机天线杆。尽管匹配网络可能使天线更敏感并可接收更弱的调频信号，不需要进行阻抗匹配。

4.6 制作基本的等离子体天线：设计三

等离子体天线照片如图 4.4 所示，同一天线的其他照片如图 4.5~图 4.7 所示，除连接充电器的那根电线外，没有任何外接电线。一旦电池充好电，应该拔掉充电器电缆，留下能自持工作的等离子体天线，从而使杂散信号干扰最小。

图 4.4　除了连接充电器的那根电缆，该等离子体没有任何外部电线。电池充电后，应拔下充电器电缆，留下独立的等离子体天线，将杂散信号干扰水平降到最低

图 4.5　图 4.4 中的等离子体天线的斜侧向视角

图 4.6 图 4.4 中的等离子体天线的前向视角

图 4.7 图 4.4 中的等离子体天线的侧向视角

使用等离子体天线作为调频接收机的实际优势在于，它可以在任何地方使用，而不需要发射机、测试仪表或示波器。只需通过简单地开启或关闭荧光灯，保持收音机处于打开状态，就可以进行天线的测试。打开荧光灯时就可以接收到广播电台，而关掉荧光灯时，则只能听到静电声。可以看出，通过在荧光灯周围放置一个金属套管来阻塞 FM 信号，等离子体就能起到天线的作用。套管可以是一个两端去掉的大罐头盒。由于波长（约 3m）与罐头盒的直径相比较大，射频信号无法从开口套管的顶部进入。

第5章 等离子体天线嵌套、阵列堆叠，以及减小共址干扰

5.1 引　言

等离子体（电离气体）导电，人们可以用其制作天线。等离子体的优点是它可以按需制作，并且等离子体天线可以在时间或空间上重构，形成各种波束宽度、带宽、方向性和辐射方向图。高频等离子体天线可以经由低频等离子体天线进行发射和接收。对于金属天线而言这是不可能的。然而，低频等离子体天线信号会受到高频等离子体天线信号的影响，这与金属天线的情况相同。

5.2　电磁波在等离子体中的反射和传输物理

频率为 ω 的电磁波照射到等离子体频率为 ω_p 的等离子体上，其中等离子体频率正比于等离子体中的自由电子密度或者等离子体的电离度。等离子体频率定义为

$$\omega_p = \sqrt{\frac{4\pi n_e e^2}{m_e}} \qquad (5.1)$$

$$e^2 = \frac{q^2}{4\pi\varepsilon}$$

式中：n_e 为自由电子密度；e 为电子电量；m_e 为电子质量。

若入射到等离子体上的电磁波频率远远大于等离子体频率，即 $\omega \gg \omega_p$，则电磁波会无衰减地在等离子体中传播[1]。

对于工作的等离子体天线，经验法则是，等离子体的频率应该是天线工作频率的两倍[2-3]。因此，等离子体天线或天线阵列的工作频率越高，等离子体天线或天线阵列中的等离子体密度就越高。因此，高频率的等离子体天线或天

线阵列可以穿过低频率的等离子体天线或天线阵列发射和接收信号，并且等离子体天线和天线阵列的信号带宽会增加。可以激励或关闭任何数量的等离子体天线或天线阵列，以产生多波段效果。图 5.1 中，高频等离子体偶极子天线嵌套在低频等离子体螺旋天线中。等离子体偶极子天线的天线信号穿透工作在较低频率的螺旋天线中传输，并且两个带宽相加。

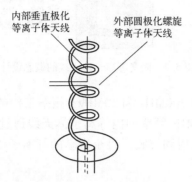

内部垂直极化
等离子体天线

外部圆极化螺旋
等离子体天线

图 5.1　等离子体偶极天线嵌套在等离子体螺旋天线内。嵌套等离子体天线系统
可以实现垂直和/或左旋圆极化（Left-Hand Circu Larly Polarized，LHCP）
或右旋圆极化（Right-Hand Circularly Polarized，RHCP）。这些天线可以
同时发射和接收，也可以关闭一个，让另一个工作。两个天线共用一个轴并
作为一个单元。螺旋等离子体天线还可以在端射模式下发射和接收

在等离子体天线嵌套中，等离子体天线像洋葱一样嵌套，高频等离子体天线可以穿过低频等离子体天线发射和接收，并且功率和带宽将增加。

可以通过将直立的等离子体天线嵌套在环形、螺旋或盘绕形等离子体天线内，形成等离子体天线系统，该系统可以提供垂直或圆极化天线（图 5.1）。两个等离子体天线可以同时工作，也可以一个工作另一个关闭。

5.3　嵌套等离子体天线概念

图 5.2 给出了嵌套等离子体天线的一个示例。所有嵌套的等离子体天线都表示为圆柱体，但其可以是任何类型的天线，如偶极子、盘绕、螺旋等。

5.3.1　嵌套等离子体天线的例子

在图 5.2 中，最内层的 20GHz 等离子体天线工作在最高等离子体频率

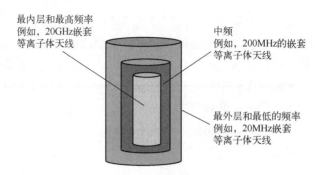

图 5.2　嵌套等离子体天线的概念设计

下，其信号穿过外层以 200MHz 和 20MHz[①] 频率工作的低频等离子体天线来进行发射和接收。200MHz 频率的内等离子体天线通过其外嵌套的 20MHz 低频等离子体天线进行发射和接收。每个嵌套的等离子体天线都增加了带宽和功率。

5.3.2　叠置等离子体天线阵列的方案设计

高频等离子体天线阵列可以穿过低频等离子体阵列进行发射和接收。

图 5.3 所示为高频等离子体天线阵列经由低频等离子体天线阵列发射的示意图。

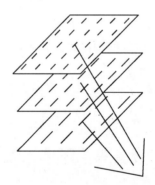

图 5.3　顶部 20GHz 的高频等离子体天线阵列穿过 200MHz 和 20MHz 的
低频等离子体天线阵列进行发射和接收。200MHz 等离子体天线阵列穿过
20MHz 阵列进行发射和接收。底部是一个 20MHz 的等离子体天线阵列。
等离子体天线阵列的每一层都增加了带宽和功率

---

①　译者注：原文为 2MHz，疑应为 20MHz。

5.4　使用等离子体天线减少共址干扰

无论发射机和接收机是处于打开状态还是关闭状态，对金属天线而言，较大尺寸、较低频率的天线都会干扰附近较小尺寸、较高频率的天线。这是共址干扰[4]的一个例子。金属天线都存在这方面的问题，因为金属不能像等离子体一样被熄灭。在图 5.4 中，等离子体天线可以位于容器中的任何位置。由于高频等离子体天线可以穿过低频等离子体天线进行发射和接收，从而降低或消除了共址干扰。

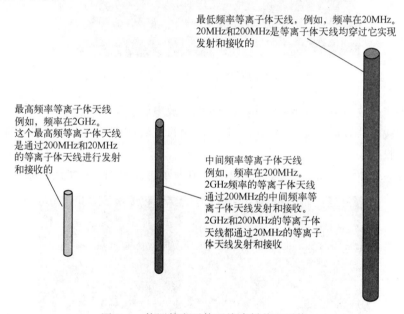

最低频率等离子体天线，例如，频率在20MHz。20MHz和200MHz是等离子体天线均穿过它实现发射和接收的

最高频率等离子体天线例如，频率在2GHz。这个最高频等离子体天线是通过200MHz和20MHz的等离子体天线进行发射和接收的

中间频率等离子体天线例如，频率在200MHz。2GHz频率的等离子体天线通过200MHz的中间频率等离子体天线发射和接收。2GHz和200MHz的等离子体天线都通过20MHz的等离子体天线发射和接收

图 5.4　使用等离子体天线降低共址干扰

5.5　等离子体天线嵌套实验

等离子体天线嵌套实验的基本目的是演示高频等离子体天线可以经由正在工作的低频等离子体天线进行发射。

图 5.5 所示为我们的嵌套等离子体天线实验原型样机。

在工作的 4GHz 和 8GHz 发射频率上使用两个等离子体天线。高频等离子体天线是半圆形的等离子体管（荧光灯）。这些放电管由每毫秒重复一次、持续时间为 2μs 的大电流脉冲激励，形成一个高密度的稳态等离子体。低频等离

图 5.5　我们的嵌套等离子体天线实验原型样机

子体天线由放在宽带接收微波喇叭前的两个放电管直接组成。低频率和高频率两个天线的信号都由宽带微波喇叭接收，由行波管放大器放大，并显示在全景扫调接收机上。

　　等离子体天线嵌套的实验结果如图 5.6 所示。在 4GHz 等离子体天线不通电

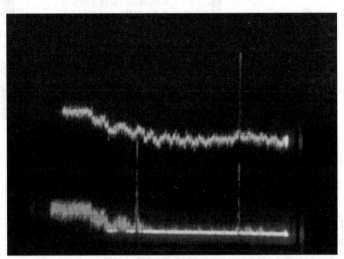

图 5.6　等离子体天线嵌套的实验结果。仅当 8GHz 等离子体天线通电，且 4GHz
等离子体天线断电时，上方的示波器迹线才会出现。在下方迹线出现时，两个
等离子体天线都是打开的，8GHz 等离子体天线信号穿过 4GHz 等离
子体天线信号发射，并且两者都被接收。金属天线无法做到这一点

时，接收到了 8GHz 等离子体天线的信号。此时，即使 4GHz 发射机在工作，其信号仍是不可见的。当给 4GHz 等离子体天线通电时，会接收到 8GHz 和 4GHz 两个天线的信号。在这种情况下，8GHz 等离子体天线信号穿过正在工作的 4GHz 等离子体天线。注意，8GHz 的信号并没有明显地被 4GHz 等离子体天线衰减。图中两个迹线的增益相同，只对基线进行了移动，以将前后两个迹线的结果显示在同一个屏幕上。选择了 4GHz 等离子体天线工作的等离子体密度，以使 8GHz 信号能穿过天线。本节与 9.8 节中的等离子体天线嵌套实验有关，但有所不同。图 9.18 与图 5.6 相似，不同之处是 9.8 节中的低频频率比 5.5 节中的低频频率更低。

参 考 文 献

[1] Krall, N., and A. Trivelpiece, *Principles of Plasma Physics*, McGraw-Hill Inc., 1973, pp. 151.

[2] Alexeff, I., and T. Anderson., "Experimental and Theoretical Results with Plasma Antennas," *IEEE Transactions on Plasma Science*, Vol. 34, No. 2, April 2006.

[3] Alexeff, I., and T. Anderson, "Recent Results of Plasma Antennas," *Physics of Plasmas*, Vol. 15, 2008.

[4] http://www.armymars.net/ArmyMARS/MilInfo/FM11-53-Combat-Net-Radio/app%20b.doc.

第6章 等离子体天线窗：智能
等离子体天线设计基础

6.1 引　言

可以通过使用 Kraus 和 Marhefka[1] 中的互阻抗模型来替代以下分析。将该模型从金属天线拓展到等离子体天线。利用该模型，可以用等离子体天线的电流矩阵来推导辐射天线场。这里不给出这种方法。

但是，读者应该注意，正如第 3 章所推导的那样，等离子体天线中的阻抗是可重构的。

T. Anderson 及 T. Anderson 和 Alexeff[2-14] 的专利或论文中都出现了基于等离子体开窗概念的智能等离子体天线的各种应用。开发智能等离子体天线的另一种方法是使用计算机控制的等离子体天线多极子扩展（第 10 章）和计算机控制的智能卫星等离子体天线（第 11 章）。

6.2 智能等离子体天线设计：开窗概念

图 6.1~图 6.4 给出了等离子体天线窗的概念示意。图 6.1 和图 6.2 是具有开窗概念的单瓣、多瓣和多波段等离子体天线示意图。图 6.2（与 KenConnor 的私人通信，2004）和图 6.3（与 Azimi-SadjadiBabak 的私人通信，2005）是等离子体开窗天线波瓣形成示意图。产生具有或不具有多个单元的天线阵列特性的概念，是用一个等离子体毯将等离子体天线包裹起来，其中等离子体毯的等离子体密度可以改变。在等离子体频率远小于天线频率的区域，天线辐射可以穿过等离子体，就像在等离子体毯子上开了一个窗口一样。在等离子体频率高于天线频率的区域，等离子体的行为就像一个具有电抗性趋肤深度的完美反射体。因此，通过打开和关闭一系列这样的等离子体窗口，进行电扫描或将天线波束定向到任意及所有方向。这种天线设计具有固有的智能特性。当使用具有反馈和控制功能的正确的数字信号处理（Digital Signal Process,

DSP）时，这一设计将等离子体天线设计转换成智能天线。等离子体毯开窗设计的优点是：

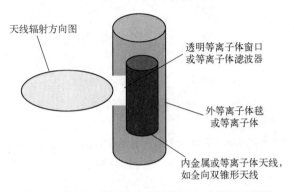

图 6.1　单瓣和单波段等离子体开窗天线的原理图

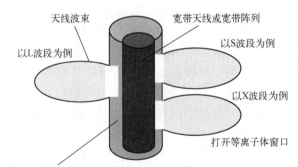

图 6.2　多瓣和多波段等离子体开窗天线的原理图

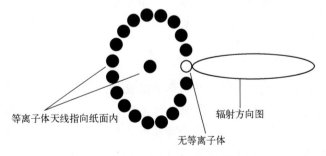

图 6.3　等离子体开窗天线的俯视图

（1）可以运用等离子体开窗的等离子体物理性质，对一个中心部位的一

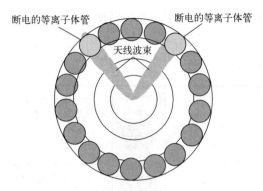

图 6.4　等离子体开窗定向天线波束形成示意图，通过停用能实现
双主瓣方向图的两根等离子体放电管得到

个全向天线进行波束控制。

（2）可重构的方向性和波束宽度。

（3）波束宽度从所有等离子体窗口都打开时的全向辐射方向图到部分窗口打开的定向辐射方向图改变的能力。

波束宽度是可重构的，从所有等离子体窗口都打开（等离子体放电管关闭，或密度低于截止密度）时的全向辐射方向图，切换到通过低副瓣（等离子体软表面效应）等离子体窗口（低密度等离子体）发射或接收的高度定向辐射方向图。这可以产生比相同尺寸金属天线更高的方向性和增益。

对于这种设计，还可以用等离子体天线单元取代传统自适应阵列中的所有金属天线单元。等离子体天线单元的优点是其任意组合都可以开启或关闭（熄灭）。由于等离子体天线可以按需产生或熄灭，天线单元之间的相互干扰大大降低。通过将传统阵列中的金属天线单元替换为等离子体开窗天线，该设计还可以获得更高的分辨率和灵活性。

6.2.1　多波段等离子体天线概念

使用能够在波段和频率之间进行调制的软件，通过开启的等离子体 FSS 窗口多波段，如 L、S 和 X 波段顺序地发射和接收辐射方向图。多波段接收系统消除了在现场建造、运输和维护多个接收面的需求，同时减少了船的顶部重量和上层建筑尺寸。

6.2.2　多波段及多主瓣或二者皆有的等离子体天线概念

一个例子是通过打开的等离子体滤波窗口同时以 L、S 和 X 波段发射与接收的辐射方向图。多波段接收系统消除了现场建造、运输、维护多个接收面的需求，每个等离子体滤波器或窗口都可以允许有具有相同带宽的多个主瓣，或多个波段，或同时多波段多主瓣。

该设计中，还可以用等离子体天线单元替代传统自适应阵列中的所有金属天线单元。等离子体天线单元的优点是，其任意组合都可以打开或关闭。离子体天线可以根据需要产生或关闭，因此可以大大减少天线单元之间的相互干扰。通过用等离子体开窗天线替代传统阵列中的金属天线单元，该设计还获得了更高的分辨率和灵活性，具有更大的自由度。

等离子体天线开窗是我们创造的一个术语，用来描述经由等离子体放电管发射的射频信号，这些等离子体放电管处于关闭状态或等离子体密度低到足以让射频信号能够穿过。Anderson 的专利中[5-9]有各种等离子体窗的设计。等离子体开窗设计和概念用在了智能等离子体天线设计上。本章对一种可重构天线的性能进行了详细的数值分析，该天线由圆柱形导电等离子体外壳包围的线性全向天线组成。等离子体屏由一系列内含气体的管子组成，这些气体在通电后电离形成等离子体（对基础实验和一些应用，可以使用荧光灯）。等离子体具有很强的导电性能，可用作工作频率低于等离子体频率时辐射的反射器。因此，当天线周围的所有放电管都加电时，辐射就被陷到里面了。

通过使一个或多个放电管处于断电状态，就相当于在等离子体屏上形成了一个孔，该孔允许辐射逸出。这就是基于等离子体窗口实现可重构天线的本质。通过简单地施加电压，窗口就可以迅速地关闭或打开（在微秒到毫秒级上）。

6.3　等离子体窗天线数值结果的理论分析

理论分析的目的是，对于给定配置，预测等离子体窗天线（Plasma Window Antenna，PWA）的远场辐射方向图（与 JimRaynolds 的私人通信，2005）。为了简化分析，我们做了如下近似，即认为天线和周围等离子体管的长度与分析无关，在物理上假定放电管足够长，可以忽略其末端影响，这样问题就变成了二维的，如此一来就可以得到精确解。因而提出问题如下：

（1）假设导线（天线）在原点位置，并载有特定频率和幅度的正弦电流。

（2）假设导线（可以是金属或等离子体天线）被一组圆柱形导体包围，每个圆柱导体的半径到原点的距离相同。

（3）求解空间各处的场分布，从而得到辐射方向图。

6.3.1 几何结构

图 6.5 给出了 7 个圆柱体情形下 PWA 的一种特定配置，应用这 7 个圆柱体采用以下简单的几何结构来产生等离子体屏。图 6.5 所示 PWA 配置的辐射功率和辐射方向图如图 6.6 和图 6.7 所示。图 6.8 给出了 PWA 的另一个几何结构，是从圆周分布相互接触的 16 根圆柱体中去掉其中一个，因而是 15 根相互接触的圆柱体构成的几何结构。图 6.9 所示的 PWA 的辐射功率和辐射方向图如图 6.10 所示。图 6.11 给出了图 6.5 和图 6.8 所示的 PWA 配置的半波束宽度与波长的关系。对于一个完整的等离子体屏，我们假定 N 个圆柱体的中心位于一个公共圆周上，选择源天线作为该圆周的圆心。因此，选择距离原点的某个距离 d 并将半径为 d 的圆分成若干等角扇区：

$$\psi_l = 2\pi l / N \tag{6.1}$$

其中，整数 l 取值：$l = 0,1,2,\cdots,(N-1)$。通过简单地将各个圆柱体排除在考虑范围之外就形成了各个孔。

带有源点和观察点的8个接触
圆柱体（一个已移除）的几何形状

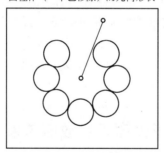

图 6.5　由 7 个相互接触的圆柱体组成的等离子体窗口天线。圆柱体排布
方式是每个圆柱体的中心都位于给定半径的公共圆上，选择合适的半径以保
证其相互之间保持接触。通过再增加一个圆柱体，就形成了一个完整的
等离子体屏。图中还示意给出了源点和任意观测点

到目前为止，我们只考虑了相互接触的圆柱体。然而，没有必要将注意力仅限于相互接触的圆柱体。在以下的分析中，通过使用无量纲参数 τ，可以很方便地指定半径的值。τ 值介于 0 和 1 之间（即 $0 \leqslant \tau \leqslant 1$），其中 $\tau = 0$ 对应于圆柱半径为零（即导线），$\tau = 1$ 对应于互相接触的圆柱体的情况。更确切地讲，给定圆柱体的半径（假定所有圆柱体半径相等）由参数 τ、圆柱体到原点

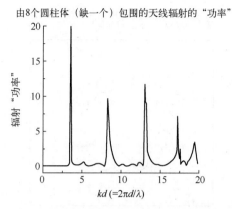

图 6.6　远场辐射通量图。这个量是通过在远场中单位高度的圆柱面上对坡印廷矢量进行积分得到的，从物理上讲，这个量值不应该超过单位 1。当得的值大于单位 1 时，表明存在特征值，可导致奇异矩阵

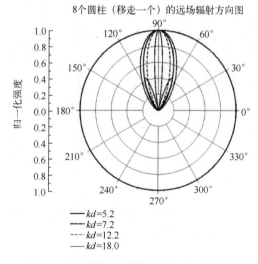

图 6.7　图 6.5 所示的几何外形不同解的远场辐射方向图

的距离 d，以及完整屏蔽所需圆柱体数 N 给出，表达式为

$$a = d\tau \sin(\pi/N) \tag{6.2}$$

下面定义接下来的分析中需要的一些几何参数。指定给定圆柱体中心的坐标，在极坐标系中由 (d, ψ_l) 给出，在笛卡儿坐标系中由下式给出：

$$d_{lx} = d\cos(2\pi l/N) \tag{6.3}$$

$$d_{ly} = d\sin(2\pi l/N) \tag{6.4}$$

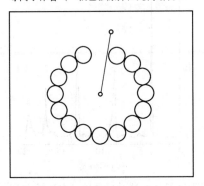

带有源点和观察点的16根互相接触的圆柱形
等离子体管（一根已移除掉）几何结构

图 6.8　由 15 根相互接触圆柱体构成的等离子体窗口

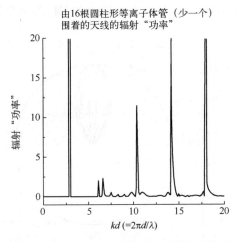

由16根圆柱形等离子体管（少一个）
围着的天线的辐射"功率"

图 6.9　由 15 根圆柱体组成的等离子体窗口天线辐射的远场通量图。见
图 6.6，该图包含了包括辐射通量超过单位 1 的非物理解在内的所有解

通过下式定义从圆柱体 l 指向圆柱体 q 的位移矢量：

$$\boldsymbol{d}_{lq}=\boldsymbol{d}_q-\boldsymbol{d}_l \tag{6.5}$$

矢量的幅度由下式给出：

$$\boldsymbol{d}_{lq}=\sqrt{2}\sqrt{1-\cos(\psi_q-\psi_l)} \tag{6.6}$$

角 ψ_{lq} 是矢量 $\boldsymbol{d}_q$ 和 $\boldsymbol{d}_l$ 所夹的角。换句话说，如果考虑由三条边 $|\boldsymbol{d}_q|$，$|\boldsymbol{d}_l|$ 和 $|\boldsymbol{d}_{lq}|$ 组成的三角形，角 ψ_{lq} 的对边为 $|\boldsymbol{d}_{lq}|$。该角很容易通过下面两个关系式求出：

$$d_{lq}\cos(\psi_{lq})=d_q\cos(\psi_q)-d_l\cos(\psi_l) \tag{6.7}$$

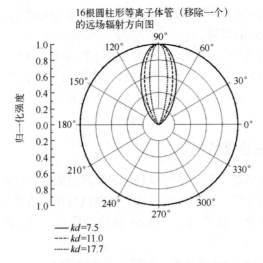

图 6.10 图 6.9 所示的 15 个圆柱体等离子体天线的
几个解的远场辐射方向图

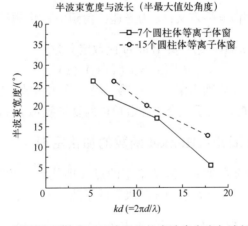

图 6.11 两种等离子体窗口天线配置的半波束宽度与波长的关系，
定义为远场辐射方向图减小一半的角度

$$d_{lq}\sin(\psi_{lq}) = d_q\sin(\psi_q) - d_l\sin(\psi_l) \tag{6.8}$$

最后，定义观察点相对于源的坐标，以及关于以导电圆柱体中心为原点的
坐标系。观测点 $\boldsymbol{\rho}$ 相对原点的极坐标是 (ρ, ϕ)。为指定相对圆柱体 q 的观察
点，并且定义位移矢量：

$$\boldsymbol{\rho}_q = \boldsymbol{\rho} - \boldsymbol{\rho}_q \tag{6.9}$$

以圆柱体 q 的中心为原点的坐标系下，观察点坐标为 (ρ_q,ϕ_q)，其确定方式与之前求 d_{lq} 和 ψ_{lq} 的相同。

为完成几何问题的具体要求，并指定以每个圆柱体中心为原点的各坐标系下源的坐标，很明显，源相对于以圆柱体 l 中心为原点的坐标系的距离坐标 d_{ls}，由 $d_{lq}=d$ 给出。容易看出，角坐标 ψ_{ls} 由下式给出：

$$\psi_{ls}=\psi_l+\pi \tag{6.10}$$

6.3.2　电磁边界值问题

通过假设圆柱体是完美导体来得到边界值问题的解，这强制在圆柱体的表面上电场切向分量为零。在每个圆柱体上强制执行这一边界条件，就得到散射系数的 N 个线性方程。结果是一个 $N\times N$ 的线性代数问题，接着可通过矩阵求逆来求解。

电场由沿 $\hat{z}$ 轴方向的导线产生，导线上的电流为 I：

$$E_{\text{inc}}(\rho)=-\left(\frac{I\pi k\hat{z}}{c}\right)H_0^{(1)}(k\rho) \tag{6.11}$$

式中：k 为波矢，由 $k=\dfrac{\omega}{c}$ 定义，c 为光速，角频率 ω 由频率通过 $\omega=2\pi f$ 关系给出。n 阶（此处 $n=0$）第一类 Hankel 函数定义为

$$H_n^{(1)}(x)=J_n(x)+iY_n(x) \tag{6.12}$$

式中：$J_n(x)$ 和 $Y_n(x)$ 分别为第一类和第二类贝塞尔函数，假定所有量都具有正弦时间关系，该时间关系由带负虚数单位的复指数 $\exp(-i\omega t)$ 给出。

6.3.3　子波展开：Hankel 函数的加法定理

解决目前问题的关键在于波从给定的点（即从源点发射或由某一个圆柱体散射）发射出来，可以表示为无限级数的子波：

$$E(\rho,\phi)=\hat{z}\sum_{m=-\infty}^{\infty}A_mH_m(k\rho)\exp(-im\phi) \tag{6.13}$$

其中，去掉了 Hankel 函数的上标。因此，通过使用 Hankel 函数加法定理，可以将级数中任意给定项在任意其他坐标系中的展开为类似级数。Hankel 函数的加法定理可写成

$$\exp(in\psi)H_n(kR)=\sum_{m=-\infty}^{\infty}J_m(kr')H_{n+m}(kr)\exp(im\varphi) \tag{6.14}$$

其中的三个长度 r'，r 以及 R 是三角形的三条边，满足以下关系：

$$R=\sqrt{r'^2+r^2-2rr'\cos\varphi} \tag{6.15}$$

式中：$r' < r$，ψ 为 r' 边的对角。另一种表示方法为

$$\exp(2\mathrm{i}\psi) = \frac{r - r'\exp(-\mathrm{i}\varphi)}{r - r'\exp(\mathrm{i}\varphi)} \tag{6.16}$$

6.3.4　设置矩阵问题

通过在每个圆柱体上的坐标系中顺序展开总场，并施加在每个圆柱体表面上场的切向分量必须为零的边界条件，可得到散射系数的 N 个线性方程组。

我们将总场写成入射场 $\boldsymbol{E}_{\mathrm{inc}}$ 与散射场之和，即

$$\boldsymbol{E}_{\mathrm{scat}} = \sum_{q=0}^{N-1} \sum_{n=-M}^{M} A_n^q H_n(k\rho_q) \exp(\mathrm{i}n\phi_q) \tag{6.17}$$

其中，总和已经以角度变量进行了截断，并保留 $-M \leqslant n \leqslant M$ 范围内的项。

接下来，分离出特定的圆柱体，如圆柱体 l，并在以圆柱体 l 中心为原点的坐标系下表示所有的场。将总场设置为零并重新整理，得

$$\begin{aligned} A_m^l &= \sum_{q \neq l} \sum_{n=-M}^{M} \left(-\exp\left[-\mathrm{i}(m-n)\boldsymbol{\psi}_{lq}\right] \frac{J_m(ka)}{H_m(ka)} H_{m-n}(kd_{lq}) \right) A_n^q \\ &\quad + \left(\frac{\pi\boldsymbol{\omega}I}{c^2}\right) \exp(-\mathrm{i}m\boldsymbol{\psi}_{ls}) \frac{J_m(ka)}{H_m(ka)} H_m(kd_{ls}) \end{aligned} \tag{6.18}$$

通过采用综合指数 $\alpha \equiv (l, m)$ 和 $\beta \equiv (q, m)$，这可以用矩阵表示法写得紧凑些：

$$A_\alpha = \sum_\beta D_{\alpha\beta} A_\beta + K_\alpha \tag{6.19}$$

通过将其写成符号形式 $\boldsymbol{A} = \boldsymbol{DA} + \boldsymbol{K}$，且合并同类项，得到 $(\boldsymbol{I} - \boldsymbol{D})\boldsymbol{A} = \boldsymbol{K}$。其中，$\boldsymbol{I}$ 是单位矩阵。通过矩阵求逆求解该方程，得到散射系数，有

$$\boldsymbol{A} = (\boldsymbol{I} - \boldsymbol{D})^{-1} \boldsymbol{K} \tag{6.20}$$

6.3.5　散射场的精确解

6.3.4 节推导出的解形式上是精确的。在实际中，你要选择一个指定的角度加和范围：$-M \leqslant n \leqslant M$，这会导致 $N(2M+1)$ 维矩阵问题，其解给出 $2M+1$ 个散射系数 A_n^q。通过不断增加 M 的值直到收敛，来判断解的质量。

最后，利用加法定理，在以源为中心的坐标系中表示所有散射场是很方便的。因而有

$$\sum_{q=0}^{N-1} \sum_{n=M}^{M} A_n^q H_n(k\rho_q) \exp(\mathrm{i}n\phi_q) \equiv \sum_{p=-M}^{M} B_p H_p(k\rho) \exp(\mathrm{i}p\phi) \tag{6.21}$$

由此得到新的散射系数为

$$B_p = \sum_{q=0}^{N-1} \sum_{n=-M}^{M} A_n^q J_{p-n}(kd_q) \exp[-\mathrm{i}(p-n)\psi_q] \tag{6.22}$$

6.3.6　远场辐射方向图

现在，为方便起见，我们选择了源电流的幅度，以便在没有圆柱体的情况下得到单位通量。换句话说，我们选择的源场由下式给出：

$$E_{\mathrm{inc}} = -\sqrt{\frac{2\pi k}{c}} H_0(k\rho) \tag{6.23}$$

现在来验证这给出的是单位通量，Hankel 函数的远场极限为

$$H_m(k\rho) \approx \sqrt{\frac{2}{\pi k\rho}} \exp[\mathrm{i}(k\rho-(2m+1)\pi/4)] \tag{6.24}$$

由电场得到磁场，即

$$B_{\mathrm{inc}} = \frac{-ic}{\omega} \nabla \times E_{\mathrm{inc}} \tag{6.25}$$

通过计算坡印亭矢量，由这些场得到其辐射强度：

$$P = \frac{c}{8\pi} \Re[E \times B^*] \tag{6.26}$$

通过在距离 ρ 上对单位高度的圆柱表面积分，得到如上所述的单位通量。

现在，通过提取因子 $\sqrt{\dfrac{2\pi k}{c}}$，总电场可以表示为

$$E = -\sqrt{\frac{2\pi k}{c}} \left(H_0(k\rho) - \sum_{n=-M}^{M} B_n H_n(k\rho) \exp(\mathrm{i}n\phi) \right) \tag{6.27}$$

在前面的表达式中使用这个场量就可以得到坡印廷矢量。通过绘制给定距离上（远场中）坡印廷矢量的径向分量与角度的函数，得到远场辐射方向图。

6.3.7　等离子体开窗天线的八主瓣辐射方向图

图 6.12~图 6.19 绘制了等离子体开窗天线中源自多个等离子体窗口的多主瓣辐射方向图。

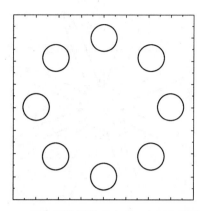

图 6.12　等离子体管排列产生 8 主瓣辐射方向图

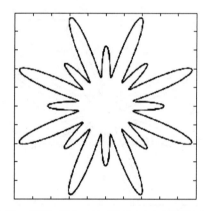

图 6.13　频率（$kd = 14$）下的 16 主瓣辐射方向图

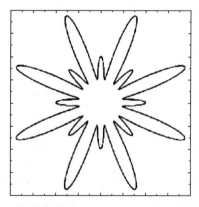

图 6.14　进一步的频率增加（$kd = 15$），增加了其中
8 个主瓣的幅度，同时减少了其他 8 个主瓣的幅度

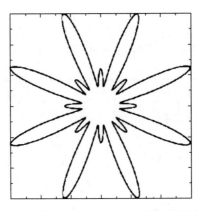

图 6.15　频率继续增加（$kd = 16$），8 主瓣辐射方向图更加明显

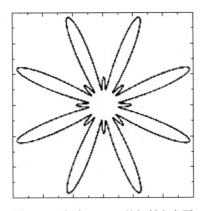

图 6.16　频率 $kd = 17$ 的辐射方向图

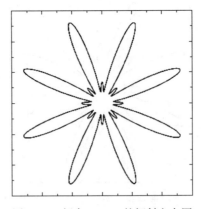

图 6.17　频率 $kd = 18$ 的辐射方向图

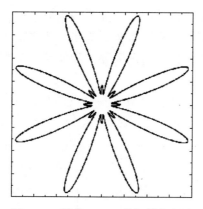

图 6.18　频率 $kd = 19$ 的辐射方向图

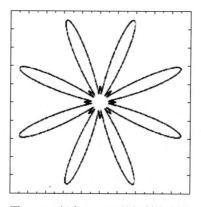

图 6.19　频率 $kd = 20$ 的辐射方向图

6.3.8　等离子体窗结构中的能量耗散：开环谐振腔中的能量守恒

在前期等离子体窗结构研究工作基础上进行的详细研究已经有了进展。回顾一下，我们正在考虑一个由等离子体放电管包围的线性辐射天线组成的结构。这种结构的目的是通过改变组成腔体的等离子体放电管的反射率，选择性地"打开"和"关闭"结构中的孔，从而主动调整辐射方向图。例如，通过关闭单个等离子体管中的等离子体（即通过关闭放电电流源），可以产生一个孔，并形成定向辐射波束，也很容易产生多主瓣辐射方向图。

现已经发展了一种对于所有激发频率，能够正确描述结构行为的形式。本章前几节的理论结果成功地描述了频率与腔体共振频率不一致情况下结构的行为。腔体共振对应于自持、局域化的电磁振荡，该结构不辐射。在足够低的频率中，没有腔体共振。然而，随着频率的增加，腔体共振间隔变得越来越紧密，并且变得越来越难以避免。为实现严格聚焦的辐射方向图，我们必须选择在高频下工作。这种情况需要一种能够正确描述所有频率下结构行为的方法。

例如，考虑图6.20所示分别具有一个及两个孔（关闭一个及两个等离子体管）的8圆柱形等离子体窗的辐射功率。

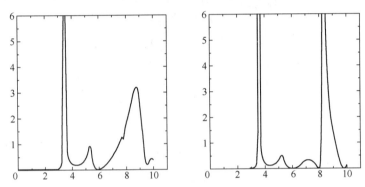

图6.20　有一个（下面板）和两个（上面板）等离子体管关闭的8根圆柱形等离子体窗口结构的辐射功率随 kd 变化的函数绘图。这些计算是假设源强度固定的情况下进行的。正如在本节中详细讨论的那样，这种方法只对频率与空腔共振不一致的情况有效。因此，图中只有小于单位功率（以单根天线的功率为单位）的功率数据才有效

只有在辐射功率小于或等于单位1的情况下，解才具有严格的有效性（假设电流强度是固定的）。我们看到，通过打开第二个孔（关闭第二个等离子体管），就会有一个更大的解无效的范围。随着频率的增加，这个问题变得越来越严重。

现在简要回顾先前等离子体窗结构的处理方法，并推动目前的研究。在前面的方法中，我们假定了辐射天线上给定的电流分布。天线上的电流产生了与等离子体管相互作用的源场。这种处理的出发点是存在时变电流密度时电场的非齐次波动方程。该方程为

$$\left(\nabla^2+\frac{\omega^2}{c^2}\right)E(r,t)=\frac{4\pi}{c^2}\frac{\partial J(r,t)}{\partial t} \tag{6.28}$$

受电场在等离子体管表面必须为零这一边界条件（为简单起见，假定等离子体管为完美导体）约束，方程（6.28）右侧采用指定形式求解。但是，该方程不适用于空腔共振。在这样的共振下，可消去方程的右边，只需求解得到的齐次方程。

　　在目前的处理中，采用了一种不同的方法来描述源天线的电流。我们没有在源上规定特定的电流，而是在天线上指定一个固定的振荡驱动的电场。对于这样一个自由空间中的天线（即在没有等离子体管的情况下），驱动电场产生振荡电流，天线像通常一样辐射。然而，在等离子体窗口结构内部上，构成电流的运动电荷不仅与驱动电场相互作用，还与从等离子体管反射回来的电场相互作用。

　　因此，我们必须为天线中的电荷建立一个运动方程，该方程包括作用于电荷上的所有力。这些力包括：

　　（1）由驱动电场产生的力。

　　（2）由从等离子体管反射回来的电场产生的力。

　　（3）由运动电荷自身电场引起的辐射电抗力（Force of Radiative Reaction）。

　　本节所进行的计算方法与以前大致相同。对于给定的电流分布，求解方程（6.28）以得到场分布。然后再将所得的电场输入天线中电荷的运动方程。在求解运动方程后，就得到了电流值，而电流值反过来又决定了磁场的强度。随着某个电场接近空腔共振，反射场的强度增加并且在强度上变得与驱动场相当。反射场和自身场（会引起辐射电抗）的相位趋于抵消驱动电场的影响。在空腔共振处，有两种可能性：①式（6.1）右侧的总电流变为零；②总电流与驱动场反相。无论哪种情况，驱动场都对电流分布不做净功，反过来，尽管出现了空腔共振的非零振荡场，但也没有辐射。

　　现在我们来详细介绍这种计算方法。首先必须考虑由振荡电荷自身电场引起的辐射电抗现象，我们希望计算单位时间内源电场对天线上电荷分布所做的功，并将其与远场中天线辐射的功率进行比较。我们需要考虑自由空间中的孤立天线。若不考虑辐射电抗力，则会得出错误的结论，即源场对电荷不起作用。我们得出如下结论：若在有驱动场的情况下求解电荷的牛顿运动方程，则会发现产生的电流与驱动场反相，因此没有做净功。但是，辐射电抗力会产生与驱动场同相的电流分量，从而得出驱动场对电荷所做功的正确答案（即每单位时间完成的功等于天线辐射的功率）。

　　具体来讲，线天线所产生的电场由下式给出：

$$E(\boldsymbol{\rho},\omega) = \frac{-I\pi\omega}{c^2} H_0^{(1)}(\omega|\boldsymbol{\rho}|)\hat{z} \tag{6.29}$$

式中：I 为电流；ω 为频率；c 为真空光速；$\boldsymbol{\rho}$ 为一个矢量，描述位于垂直于天线轴，也就是 $\hat{z}$ 轴的平面上的观察点。式（6.29）右边的函数是第一类汉克尔

函数：$H_0^{(1)} = J_0(x) + iN_0(x)$。其中，$J_0(x)$ 是 0 阶贝塞尔函数（不要与电流密度相混淆）。$N_0(x)$ 是诺依曼函数。通过预估天线轴线上方程 $H_0^{(1)}(\omega|\boldsymbol{\rho}|)$（即 $J_0(\omega|\boldsymbol{\rho}|)$）的实部，得到了辐射电抗的自身场。自身场由下式得出：

$$E_{\text{self}} = \frac{-I\pi\omega}{c^2} \tag{6.30}$$

如果假设电流的形式为 $I(t) = I_0 \sin(\omega t)$，那么自身场单位时间平均做功为

$$\int_0^{1/\omega} \mathrm{d}t E_{\text{self}} \cdot I = \frac{-I_0^2 \pi\omega}{2c^2} \tag{6.31}$$

自身场与外加场相反，源场所做的功是式（6.30）的绝对值，正好等于天线辐射的功率。因此，能量是守恒的。

现在我们写出在有源场以及自身场的情况下，天线中电荷的牛顿运动方程：

$$m\ddot{z} = q(E_{\text{source}} + E_{\text{self}}) \tag{6.32}$$

首先只考虑该方程中的源场部分，以便确定各种常数的值。期望的结果是得到 $I(t) = I_0 \cos(\omega t) = \text{Re}(I_0 e^{-i\omega t})$ 形式的电流。正如我们将看到的，由于该电流（没有源场）与驱动场反相，我们简单地取驱动场的形式为 $-\text{Re}(iE_0 e^{-\omega t}) = -\sin(\omega t)$，并且，按照标准做法，用复数来解方程，最后取实部。

通过求解这个方程，可以看到位置与时间的函数 $z(t)$；将其微分得到速度函数 $v(t)$。假设有一条圆形截面面积为 a 的导线。电流密度由 $J = q\rho v$ 给出，其中 ρ 是导线中电荷的密度，q 为给定载流子（即电子）的电荷。

使用这些定义，结合式（6.32）的解，对于电流密度，可得

$$J(t) = \frac{\rho q E_0}{m\omega} e^{-i\omega t} \tag{6.33}$$

原点处电流的幅度由电流密度幅度乘以导线的横截面积得到，即

$$I_0 = \frac{\rho q a}{m\omega} E_0 = a\rho q \dot{z} \tag{6.34}$$

其中，在最后一个等式中，我们用速度表示电流的大小。使用自身场定义电流的这个值，使得我们可以将辐射电抗力表示为与速度相关的阻尼力。辐射电抗场（将式（6.34）代入式（6.30））变为

$$E_{\text{self}} = -\frac{\pi\omega\rho q a}{c^2}\dot{z} \tag{6.35}$$

用这种形式给出在驱动场和辐射电抗存在时电荷的运动方程为

$$m\ddot{z} = -iqE_0 e^{-i\omega t} - \gamma\omega\dot{z} \tag{6.36}$$

其中，我们定义阻尼常数为

$$\gamma \equiv \frac{\rho a \pi q}{c^2} \qquad (6.37)$$

通过求解式（6.36）的电流密度，可以看出由驱动场对辐射电荷所做功的正确结果（细节未显示）将由绝对值给出。

现在我们来概括一下将等离子体管反射回源场的影响包括进来。这种方法将使我们能够正确地描述空腔共振附近的情况。

从先前的报告中，可以看出等离子体管散射场的形式为

$$E_s = \sum_{q=0}^{N-1} \sum_n A_n^q H_n^{(1)}(k\boldsymbol{\rho}_q) \exp(in\phi_q) \qquad (6.38)$$

其中，$(\boldsymbol{\rho}_q, \psi_q)$ 是以编号为 q 的圆柱（等离子体管）中心为原点的坐标系下场点的坐标，波数定义为 $k = \omega/c$。系数 A_n^q 与源天线上的净电流成正比，由包括散射场以及辐射电抗场的效应自洽地确定。因此，我们把系数写为

$$A_n^q \equiv \gamma \omega \dot{z} \tilde{A}_n^q \qquad (6.39)$$

其中，系数 $\tilde{A}_n^q$ 针对固定的电流强度，通过前面分析所述的矩阵求逆问题求解。

现在利用 Hankel 函数的加法定理，预估原点处（即源天线的轴上）式（6.38）的散射场为

$$E_s(0,\omega) = \gamma \omega \dot{z} R(\omega) \qquad (6.40)$$

其中，频率相关函数 $R(\omega)$ 由下式给出：

$$R(\omega) = \gamma \omega \dot{z} \sum_{q}^{N-1} \sum_n \tilde{A}_n^q H_n^{(1)}(kd_q) \exp(in\psi_q) \qquad (6.41)$$

其中，(d_q, ψ_q) 是在以源天线轴线为原点的坐标系上编号 q 的圆柱坐标。

现在，包含所有场的完整运动方程为

$$m\ddot{z} = -qE_0 e^{-i\omega t} - \gamma \omega \dot{z}(1 - R(\omega)) \qquad (6.42)$$

对于以下电流密度，方程很容易求解：

$$J = \frac{\left(\dfrac{pq^2}{\omega}\right) E_0 e^{-i\omega t}}{(m+\gamma g) + i\gamma(1-f)} \qquad (6.43)$$

其中，我们已经将量 f 和 g 定义为式（6.41）中双重求和的实部和虚部：

$$\frac{R(\omega)}{\gamma \omega \dot{z}} \equiv f + ig \qquad (6.44)$$

注意式（6.43）中散射场的实部和虚部的作用方式不同。实部 f 与辐射电抗力同相，但符号相反。正如我们将看到的那样，当这个量与辐射电抗力对

消，没有净功率辐射出来，就有了空腔共振的局域化场。正如在式（6.43）的分母中（$m+\gamma g$）所看到的那样，反射场的虚部引起了质量重整化。

接下来，用源场的时间平均乘以式（6.43）的电流密度，来计算源场所做的功。结果如下：

$$P = \frac{|I|^2 \pi (\omega/c^2)^2 (1-f)}{2} \tag{6.45}$$

其中，电流是用电流密度乘以导线的横截面积得到的：$I = aJ$。式（6.45）具有单个天线乘以修正因子$(1-f)$的形式。正是这个修正因子，将正确地考虑空腔共振的存在。式（6.45）是本节的主要结果。

请注意，从式（6.43）和式（6.45）中可以看出出现空腔共振有两种可能性：一是式（6.45）中的$1-f=0$，没有净功率辐射，而电流密度非零。这对应于存在天线时具有非零场的腔体模式。二是发生在$R(\omega)$发散时。在这种情况下，功率变为0，因为$|I|^2$的分母比式（6.45）中的修正因子$(1-f)$发散得更快。这对应于天线轴上有一个节点情况下的空腔共振。最后，在没有等离子体管反射电磁波的情况下，$f=0$，我们恢复了孤立天线辐射的正确结果。

为了正确地解释空腔共振的存在，在等离子体窗结构中我们已经拟定了辐射天线的问题。这是通过考虑除辐射电抗力以及由等离子体管（作完美导体柱处理）反射回源的场所产生的力之外，有驱动场情况下，天线中电荷的经典运动方程的解来实现的。源场所做的功是根据辐射电荷计算的，并且我们发现它具有对于带空腔场修正的孤立辐射天线而言，众所周知的形式。正是这种修正将导致与空腔共振相对应的频率的辐射场为零。结果表明，在没有等离子体柱反射的情况下，可恢复孤立天线的正确结果。对新公式的分析表明，可以产生零净辐射功率的空腔共振有两种类型：在辐射天线的位置上有节点和没有节点。正在进行的研究致力于证明源场对辐射电荷所做的功与远场辐射的功率正确相等。

参 考 文 献

[1] Kraus, J., and R. Marhefka, *Antennas for All Applications*, 3rd ed., New York：McGraw-Hill, 2001, pp.444-454.

[2] www. ionizedgasantennas. com.

[3] www. haleakala-research. com.

[4] www. drtedanderson. com.

[5] Anderson, T., "Multiple Tube Plasma Antenna," U. S. Patent No. 5, 963, 169, issued

Oct. 5, 1999.

［6］ Anderson, T., and I. Alexeff, "Reconfgurable Scanner and RFID," Application Serial Number 11/879, 725, Filed 7/18/2007.

［7］ Anderson, T., "Confgurable Arrays for Steerable Antennas and Wireless Network Incorporating the Steerable Antennas," U. S. Patent No. 7, 342, 549, issued March 11, 2008.

［8］ Anderson, T., "Reconfgurable Scanner and RFID System Using the Scanner," U. S. patent 6,922,173, issued July 26, 2005.

［9］ Anderson, T., "Confgurable Arrays for Steerable Antennas and Wireless Network Incorporating the Steerable Antennas," U. S. Patent No. 6,870,517, issued March 22, 2005.

［10］ Anderson, T., and I. Alexeff, "Theory and Experiments of Plasma Antenna Radiation Emitted Through Plasma Apertures or Windows with Suppressed Back and Side Lobes," *International Conference on Plasma Science*, 2002.

［11］ Anderson, T., "Storage and Release of Electromagnetic Waves by Plasma Antennas and Waveguides," *33rd AIAA Plasmadynamics and Lasers Conference*, 2002.

［12］ Anderson, T., and I. Alexeff, "Plasma Frequency Selective Surfaces," *International Conference on Plasma Science*, 2003.

［13］ Anderson, T., and I. Alexeff, "Theory of Plasma Windowing Antennas," *IEEE ICOPS*, Baltimore, June 2004.

［14］ http://www. haleakala-research. com/uploads/operatingplasmaantenna. pdf.

第7章　智能等离子体天线

7.1　引　言

本章是第 6 章的拓展。现已经开发出一种智能等离子体天线[1-5]。Anderson 或 Anderson 和 Alexeff 的专利和论文中[3-14]已经出现了智能等离子体天线的各种应用。为了充分欣赏智能等离子体天线，可在 www.ionizedgasantennas.com 或 www.drtedanderson.com 上观看智能等离子体天线的视频。

7.2　智　能　天　线

智能天线是一种具有智能信号处理算法的天线阵列系统，用于识别信号到达方向、计算波束形成矢量，以及跟踪和定位运动物体/目标上的波束。早期的智能天线设计用于政府的军事应用，它使用定向波束在敌人面前进行隐秘传输。目前，智能天线可能有很多应用（包括手机），因为它们比标准天线能提供更大的容量和性能优势。智能天线有两种主要类型：

（1）切换波束智能天线：根据系统的需求，决定在任何给定时间点接入哪个波束。

（2）自适应阵列智能天线：允许天线控制波束指向任何方向，同时使干扰信号无效。

7.3　智能等离子体天线早期的设计和实验工作

本节研制了一种基于第 6 章等离子体窗结构的智能等离子体天线原型。图 7.1～图 7.4 给出了初始实验装置和初始设备。目标是让天线观察指定的发射机，而不考虑来自其他方位角的不需要的信号。这样，既减少了不必要的背景噪声，又减少了多路径接收杂波。该设备的工作频率约为 2.5GHz。金属发射天线周围环绕着一圈工作在微波截止频率之外的等离子体管。通过计算机使等离子体管断电，从而产生微波辐射主瓣发射出来。顺序给等离子体管断电，可使辐射波瓣在方位角范围内扫描。当检测到接收天线时，计算机停止扫描并锁定接收天线。当接收天线未连接时，计算机继续进行扫描，寻找另一个接收天线。

常用的等离子体管是荧光灯，在冷阴极模式下工作，并串联到高压直流电源。为给特定的放电管断电，通过高压詹宁斯开关使该等离子体管短路。每个单个管子都由 Impeccable Instruments 生产的用户定制计算机，按程序设计好的顺序控制断电。信号由一个简单的二极管检测器接收，并馈入计算机。当接收信号超过一个指定的、可调阈值时，计算机停止扫描，并保持这个窗口处于打开的状态。如果接收到的信号随后下降到这个阈值以下，计算机将重新开始扫描过程（图 7.4）。这样就实现了等离子体开窗定向天线的波束形成。目前的扫描速度可以从每管毫秒级调整到每管大约 1s。

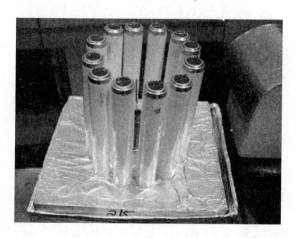

图 7.1 初始制作的实验室智能等离子体天线照片。
一个金属偶极天线在中心，被荧光管包围

基本的想法是让智能天线在空间中寻找发射机或接收机，在发现信噪比增加时锁定接收机或发射机方向，在信号丢失时断开与接收机或发射机方向的连接，然后继续扫描。

实验中使用了工作状态下的定向等离子体天线、所需的扫描电子器件以及检测所需信号的接收机。图 7.5 是智能等离子体天线项目的框图。

图 7.2　早期实验室智能等离子体天线的照片。荧光管在中心的内偶极天线
周围形成一个圆柱形环，与外管平行。管的圆柱形环从内偶极天线智能
引导和塑造天线波束。前景是高电压的詹宁斯开关

图 7.3　早期智能等离子体天线实验的实验室设置。右边是早期的智能
等离子体天线。高压詹宁斯开关在智能等离子体天线的前景

我们手头有的三个部件是：

（1）计算机输入接口：测量来自接收机的峰值信号，并将该信号输入计算机的一个内存通道。在等离子体天线可以定向到的方向上，每个角度都有一个内存通道。在目前的初步配置中，信号是一个 0~50V 的慢脉冲，其使用了一种简单的二极管脉冲展开器将信号转换为准直流。

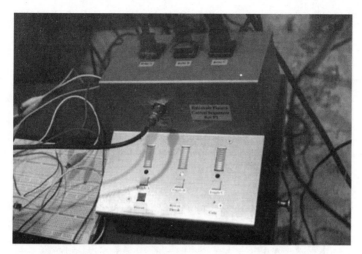

图 7.4   早期操作单元驱动实验智能等离子体天线。条形灯显示
每个通道的信号强度。它被锁定在中间通道上

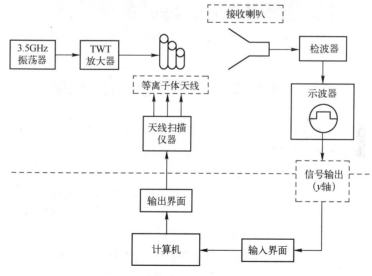

图 7.5   智能等离子体天线项目的框图

（2）计算机本身：计算机将对所有包含的内存通道进行一次完整的扫描。
然后，将对来自所有内存通道的信号进行比较。计算机将决定哪个通道有最大
的信号，并将锁定该通道的信号，继续监视输入信号。当输入信号低于指定阈
值（发射机关闭）时，对信号的锁定终止，计算机恢复扫描。这个初始配置
中的扫描时间可能非常慢，每秒一个通道。

（3）计算机输出接口：每个存储器通道应该有一个连接到等离子体天线的一个单元的输出耦合器。目前，在临时配置中，每个等离子体单元都由詹宁斯高压开关激活，需要110V交流。

智能等离子体天线中等离子体开窗的实验测量结果表明了图7.6所示的定向性。

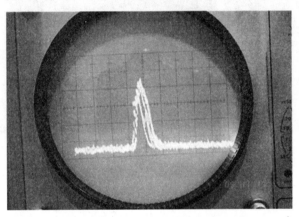

图7.6　通过显示方向性的等离子体窗口从智能等离子体天线发射信号

7.4　智能等离子体天线的微控制器

如今，智能天线已经成为一个严肃的研发课题，并且正在变得越来越智能。智能天线能够扩展通信范围并提高通信效率，几乎适用于整个无线通信技术。

建立了能够智能控制等离子体天线的微控制器（图7.7），用BASIC Stamp2作为微控制器。BASIC Stamp 包括一个 BASIC 解释器芯片、内存（RAM 和 EEPROM）、一个 5V 的调节器、一些通用的 I/O 引脚（TTL 级，0～5V），以及一组用于数学和 I/O 引脚运算操作的内置命令。BASIC Stamp 模块能够每秒运行几千条指令，并使用 BASIC 编程语言进行编程。BASIC Stamp 模块连接到电源，然后连接到计算机或笔记本电脑并编程。然后，在特定的BASIC Stamp 模块中编写计算机程序并运行。

使用三个输入通道（A、B、C）可以添加更多的通道，并且系统可以轻松控制更多的通道。系统将检测这些输入通道并比较其信号，决定触发哪个开关。系统可以在时间从1ms到几十秒不等的间隔内重复这个操作。其结果是，等离子体天线开窗装置起到了智能器件的作用。

图 7.7　一个 BASIC Stamp2 微控制器

本书研究了既有平行于天线极化等离子体放电管又有垂直于天线极化等离子体放电管的等离子体开窗装置（图 7.8）。

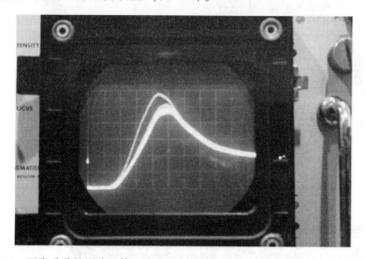

图 7.8　两张重叠的照片。第一张显示了垂直于等离子体管的电场切断的信号。第二张显示了与等离子体管平行的电场的截止。时间刻度是 1ms/min。注意，截止时间较长，垂直于等离子体管的场，但差异不显著。然而，对于小的优点来说，在某些情况下使用极化平行于等离子体管会比较好，在其他情况下，垂直于等离子体管可能更好。这是 6.5GHz 的情况

7.5　商用智能等离子体天线原型

图 7.9～图 7.12 给出了智能等离子体天线的商业原型（与 JeffPeck 的私人通信，2006）。图 7.13 给出了加固的智能等离子体天线原型。目前，智能等离子体天线重约 15 磅（1 磅 = 0.454kg）。它可以在毫秒量级时间内控制天线波束扫描 360°。运用 Fabry-Perot-Etalon 效应，未来的原型波束扫描可以达到微

秒量级。这是一种智能、高性能、可操控的天线，体积小，重量轻，而且是隐形和抗干扰的。

图 7.9　商业智能等离子体天线原型和它的工程师

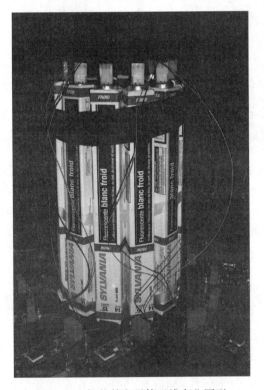

图 7.10　智能等离子体天线商业原型

图 7.11　带有打开等离子体窗指示器的智能等离子体天线商用原型

图 7.12　打开的等离子体窗指示器。指示灯的径向长度表示
通过打开的等离子体窗口传输或接收功率的大小

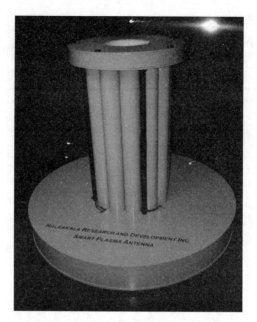

图 7.13　加固型智能等离子体天线原型

7.6　智能等离子体天线的可重构带宽

　　智能等离子体天线由一个等离子体天线、周围环绕着一圈计算机控制的等离子体管组成。如果这个一圈等离子体管中的等离子体频率低于接收到的信号的频率，信号就会传到等离子体天线。然而，只有那些低于等离子体天线等离子体频率的频率才会被接收。所有更高的频率都会直接穿过这一圈等离子体管以及等离子体天线而不会被接收。

　　数学上，我们可以这么说，智能等离子体天线的可重构带宽是内部等离子体天线和外部一圈等离子体放电管的可重构等离子体频率的差：

$$\omega_{\text{poutside}} \leqslant \Delta\omega_{\text{pbandwidth}} \leqslant \omega_{\text{pinside}} \tag{7.1}$$

式中：ω_{poutside} 为外环等离子体放电管中等离子体的频率；ω_{pinside} 为内部等离子体天线中等离子体的频率；$\Delta\omega_{\text{pbandwidth}}$ 是内部等离子体天线可以发射和接收的带宽。

　　接收到的信号介于环形分布的等离子体放电管的等离子体频率和封闭在内部的等离子体天线的等离子体频率之间。环形分布等离子体放电管的等离子体频率和等离子体天线的等离子体频率都可以在毫秒量级时间内重新配置，因此可以根据需要移动接收凹口（notch）。

7.7　智能等离子体天线中极化对等离子体管的影响

无论极化状态如何，等离子体管都将截获微波（图 7.14 和图 7.15）。

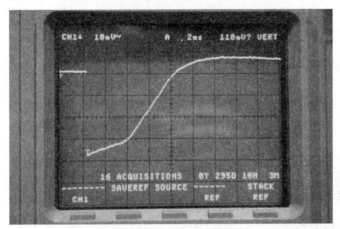

图 7.14　与电子管平行的衰减电子场，向等离子体施加单一脉冲。用示波器进行
的实验表明，当等离子体密度降低时，等离子体对接收信号截止跃迁。当入射
波电场与入射波管平行时，等离子体管在拦截微波辐射方面工作得非常好

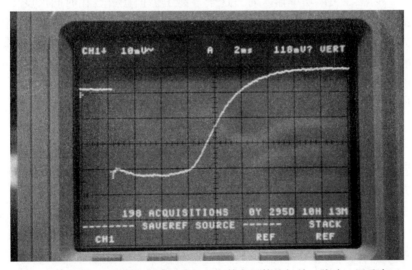

图 7.15　垂直于电子管的衰减电子场，向等离子体施加单一脉冲。用垂直于
等离子体管的电场对等离子体管进行实验测试。这张照片显示，等离子体管不仅
截获了微波信号，而且观察到的脉冲等离子体切断时间是等离子体密度下降和
信号被等离子体接收时间的两倍

69

我们设计了一种等离子体屏，用于保护敏感的微波设备免受强烈的电子战信号的影响。用一层等离子体管作为微波反射器。当入射波电场与等离子体放电管平行时，等离子体管在截获微波辐射方面工作得非常好（图 7.14）。然而，如果电场对垂直于等离子体放电管，通常诱导的等离子体电流就不能流动，等离子体效应也不会出现。当将等离子体放电管垂直于电场进行实验测试时，等离子体放电管不仅截获了微波信号，而且观察到的脉冲等离子体截止时间为原来的两倍。

7.8 用功率脉冲在低平均功率输入下产生高密等离子体：一种获得高频等离子体天线的节能技术

实验中发现的一个显著的等离子体效应是，在相同的平均功率下，脉冲功率输入产生的等离子体密度大幅增加[7,9,15-17]，且密度增加超过 100 倍。尽管不同的实验人员使用不同的功率输入技术能观察到相似的效果，但就我们的知识而言，还没有人给出一个理论解释。

由于功率（与 I. Alexeff 的私人通信，2008）沉积在等离子体中，我们假设在功率输入过程中，出现等离子体损耗的增强。这一等离子体损耗发生在时间尺度 T_1 内。在关闭功率输入时，这个等离子体损耗过程在时间尺度 T_2 上消失。由此产生的余辉等离子体在一个慢得多的时间尺度 T_3 上消失。我们将其建模为一个系统，该系统由在时间尺度 T_4 上重复的 δ（德尔塔）函数驱动。δ 函数的高与 T_4 成正比，所以脉冲之间的时间越长，δ 函数的高度就越高，但平均功率输入保持不变。

作为单脉冲基上的第一个近似，可得

$$\frac{N_{AG}}{N_{SS}} = \exp\left(-\frac{T_2}{T_1}\right)\frac{T_4}{T_5} \tag{7.2}$$

式中：N_{AG} 为脉冲时的余辉密度；N_{SS} 为稳态运行时的密度。在我们的实验中，T_4 大约是 T_5 的 1000 倍（德尔塔函数的持续时间）。若假设快速衰减过程 T_1 与由 T_2 开始的衰减过程消失时间具有相近的时间长度，则式（7.2）中的计算可以得到大约 300 倍的密度增加，该数字与我们观察到的密度增强一致。这一计算忽略了前一个脉冲余下的等离子体，但实际上，这其中大部分是被脉冲的影响所抵消。在任何情况下，它只能改善等离子体密度条件。

7.9　用于智能等离子体天线更快运行的 Fabry-Perot 共振器

在光领域，Fabry-Perot-Etalon（Fabry-Perot 标准具，是指板间隔固定、由两块平板玻璃或石英板构成的 Fabry-Perot 干涉仪。原文 Fabry-Perot 和 Fabry-Perot-Etalon 混着用，这里翻译时保持原文不变——译者注）效应是众所周知的。图 7.16 给出了光学区 Fabry-Perot-Etalon 效应的基本说明。在智能等离子体天线设计的内部天线发射期间，通过关闭等离子体窗内的等离子体或充分降低等离子体窗中的等离子体密度达到信号能够通过的水平，信号就可以通过打开的等离子体窗。一种更快的技术是增加等离子体管中的等离子体密度，以满足 Fabry-Perot-Etalon 效应并使信号通过。可以通过编程使智能等离子体天线满足 Fabry-Perot-Etalon 条件。

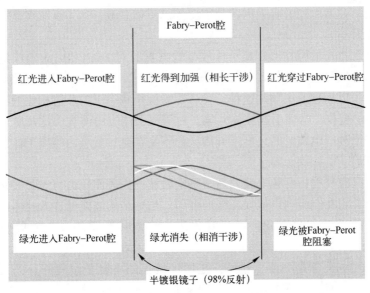

图 7.16　光学 Fabry-Perot-Etalon 效应的启发性示意图

断电后等离子体的特征衰减时间通常为若干毫秒，因此通常预计这种屏障的打开时间也为若干毫秒。然而，这种屏障可以在微秒的时间尺度上打开。这是通过增加等离子体密度而不是等待其衰减来实现的。等离子体有两层，在两层之间产生驻波及微波传输，类似于光学 Fabry-Perot 谐振器中的传输，其中的秘密在于等离子体的边界层行为。一旦发生微波截止，人们就会认为等离子体的行为是静态的。实际发生的情况是，在微波截止时，反射与入射波同相，与开路同轴线情形类似（电子和位移电流相等，但反相）。随着等离子体密度的进一步增加，反射从同相平滑变化为 180°反相，与短路同轴线情形类似（反射电流远大于位移电流）。

根据入射电场，真空-等离子体界面处反射电场的边界条件为

$$E_r = \left(\frac{1 - \mathrm{i}\beta}{1 + \mathrm{i}\beta} \right) E_0 \tag{7.3}$$

相移由下面式子给出：

$$\beta = \sqrt{\frac{\omega_p^2}{\omega^2} - 1} \tag{7.4}$$

这种相移的结果是，给定任何种类的等离子体谐振器，若等离子体密度提高到足够高，则必定产生 Fabry-Perot 效应所需的共振。

这种方法的优点是，可以通过微秒量级内电离而增加等离子体密度，释放微波辐射。通常，微波辐射的释放需要等离子体衰减，这一衰减在毫秒量级时间内发生。

用环形排布的圆柱形等离子体放电管共振腔对 Fabry-Perot 效应进行了实验研究。在实验中，即使这些等离子体管的状态高于微波截止值，辐射也会逃脱出来。可以从理论上预测这种行为，因为截止状态下的反射相位的相位角会在 0°~180°变化，从而引起腔体共振。对等离子体应用而言，这意味着微波发射可能在微秒的电离时间尺度上开启，而不是在毫秒量级的等离子体延迟时间尺度上开启。

腔体具有反射特定频率波，通常是电磁波的内表面。当与空腔共振的波进入腔体时，它在空腔内以低损耗来回弹射。当更多的波能量进入腔体时，它与结合驻波结合并使之强化，增强其强度。腔体共振器的一个常见例子是速调管。

Fabry-Perot 腔是一种小器件，是用半镀银的小镜子做成的。进入其中的光线被陷在里面。一旦进入 Fabry-Perot 腔，某些波长的光就会得到正的强化，而大多数波长的光会互相相消干扰。Fabry-Perot 腔可以用来分离单个波长的光。由于只分离出一种波长的光，Fabry-Perot 腔在制造激光、波长滤波器或校准仪器方面作用很大。可以制作几乎可以通过任何波长光的 Fabry-Perot 腔。有些 Fabry-Perot 腔可以由电子电路控制，以阻塞或通过可变波长。

在内部电磁波激励下，圆柱形等离子体管阵列可形成等离子体 Fabry-Perot 腔共振器。当环形排布的圆柱形等离子体管的半径与微波波长几乎相等

时，就可以观察到共振行为。在这种情况下，辐射会逸出，使得等离子体管会在微波截止频率之上也有辐射出来。对其他一些谐波也观察到了这种共振行为。共振频率随等离子体管圆柱环直径的变化而变化。

7.9.1　等离子体 Fabry-Perot 腔的数学模型

这里我们尝试建立 Fabry-Perot 腔共振器反射的数学模型。一般方程可以写成

$$\varepsilon_0 \nabla \cdot \boldsymbol{E} = \rho \tag{7.5}$$

$$\nabla \times \boldsymbol{E} = \mathrm{i}\omega \boldsymbol{B} \tag{7.6}$$

$$\nabla \times \boldsymbol{B} = \mu_0 \boldsymbol{J} - \frac{\mathrm{i}\omega}{c^2} \boldsymbol{E} \tag{7.7}$$

$$\nabla \cdot \boldsymbol{B} = 0$$

考虑到 $\varepsilon_p = 1 - \left(\dfrac{\omega_p}{\omega}\right)^2$，其中 ω_p 是等离子体频率，并且

$$\beta = \frac{2\pi}{\lambda}$$

$$k = \beta + \mathrm{j}\alpha$$

那么，我们就有

$$\frac{\mathrm{d}^2 E_z}{\mathrm{d}_r^2} + \left(\frac{1}{r} - \frac{1}{\varepsilon_p}\frac{\beta^2}{\beta_0^2\varepsilon_p - \beta^2}\right)\frac{\mathrm{d}E_z}{\mathrm{d}r} + (\beta_0^2\varepsilon_p^2 - \beta^2\varepsilon_p - \beta^2)E_z = 0 \tag{7.8}$$

$$E_r = \frac{\beta}{\beta_0^2\varepsilon_p - \beta^2}\frac{\mathrm{d}E_z}{\mathrm{d}r} \tag{7.9}$$

其中

$$\beta_0 = \frac{\omega}{c}$$

7.9.2　等离子体平板

考虑在 xz 平面内的 $x>0$ 处存在一个板状等离子体，场方程的解为

$$\begin{cases} E(x) = \left(-\mathrm{i}\dfrac{k}{x_d}, 0, 1\right)A\mathrm{e}^{-x_d\alpha} \\ B(x) = \left(0, -\mathrm{i}\dfrac{\omega\varepsilon_d}{c^2 x_d}, 0\right)A\mathrm{e}^{-x_d x} \end{cases}, \quad x>0 \tag{7.10}$$

$$\begin{cases} E(x) = \left(-\mathrm{i}\dfrac{k}{x_d}, 0, 1\right)A\mathrm{e}^{-x_d x} \\[4mm] B(x) = \left(0, -\mathrm{i}\dfrac{\omega\varepsilon_d}{c^2 x_d}, 0\right)A\mathrm{e}^{-x_d x} \end{cases}, \quad x<0 \tag{7.11}$$

其中

$$\begin{cases} x_p = \sqrt{k^2 - \dfrac{\omega^2}{c^2}\varepsilon} \\[4mm] x_d = \sqrt{k^2 - \dfrac{\omega^2}{c^2}\varepsilon_d} \\[4mm] k^2 = \dfrac{\omega^2}{c^2}\overline{\varepsilon} \\[4mm] \overline{\varepsilon} = \dfrac{\varepsilon_d\varepsilon}{\varepsilon_d+\varepsilon} \end{cases}$$

且

$$\omega_p = \left(\dfrac{\mathrm{e}^2 n}{\varepsilon_0 m}\right)^{\frac{1}{2}}$$

然后考虑到

$$\varepsilon = \varepsilon_r + \mathrm{i}\varepsilon_i$$

及

$$\varepsilon(\omega, r) = 1 - \dfrac{\omega_p^2(r)}{\omega(\omega+iv)}$$

我们就有

$$\begin{cases} \beta = \dfrac{1}{\sqrt{2}}\dfrac{\omega}{c}\left(\sqrt{\widetilde{\varepsilon_r}^2 + \widetilde{\varepsilon_i}^2} + \widetilde{\varepsilon_r}^2\right)^{\frac{1}{2}} \\[4mm] \beta = \dfrac{1}{\sqrt{2}}\dfrac{\omega}{c}\left(\sqrt{\widetilde{\varepsilon_r}^2 + \widetilde{\varepsilon_i}^2} - \widetilde{\varepsilon_r}^2\right)^{\frac{1}{2}} \end{cases} \tag{7.12}$$

此处

$$\begin{cases} \widetilde{\varepsilon}_r = \dfrac{(\varepsilon_r^2 + \varepsilon_i^2 + \varepsilon_r\varepsilon_d)\varepsilon_d}{(\varepsilon_r+\varepsilon_d)^2 + \varepsilon_i^2} \\[4mm] \widetilde{\varepsilon}_i = \dfrac{\varepsilon_i\varepsilon_d^2}{(\varepsilon_r+\varepsilon_d)^2 + \varepsilon_i^2} \end{cases}$$

那么

$$\begin{cases} x_p = \dfrac{\omega}{c}\dfrac{|\varepsilon|}{\sqrt{-(\varepsilon+\varepsilon_d)}} \\[4mm] x_d = \dfrac{\omega}{c}\dfrac{\varepsilon_d}{\sqrt{-(\varepsilon+\varepsilon_d)}} \end{cases}$$

接下来，我们就有

$$\alpha e^{-x_p x}=\exp\left(-\frac{\omega}{\omega_c}\frac{\varepsilon_r}{\sqrt{-(\varepsilon_r+\varepsilon_d)}}\right)\exp\left(i\frac{\omega}{2c}\varepsilon_i\sqrt{\frac{-(\varepsilon_r+\varepsilon_d)}{\varepsilon_r^2}}x\right),\quad x>0 \qquad (7.13)$$

$$\alpha e^{-x_d x}=\exp\left(\frac{\omega}{\omega_c}\frac{\varepsilon_d}{\sqrt{-(\varepsilon_r+\varepsilon_d)}}\right)\exp\left(i\frac{\omega}{2c}\frac{\varepsilon_d\varepsilon_i}{\sqrt{-(\varepsilon_r+\varepsilon_d)^3}}x\right),\quad x<0 \qquad (7.14)$$

7.9.3　等离子体柱

$$\begin{cases} B_\varphi(r)=B_{r=R}\dfrac{I_1(x_p r)}{I_1(x_p R)} \\[3mm] E_r(r)=\dfrac{kc^2}{\omega\varepsilon}B_{r=R}\dfrac{I_1(x_p r)}{I_1(x_p R)} \quad,\quad r<R \\[3mm] E_z(r)=\dfrac{ic^2 x_p}{\omega\varepsilon}B_{r=R}\dfrac{I_0(x_p r)}{I_1(x_p R)} \end{cases} \qquad (7.15)$$

$$\begin{cases} B_\phi(r)=B_{r=R}\dfrac{K_1(x_d r)}{K_1(x_d R)} \\[3mm] E_r(r)=\dfrac{kc^2}{\omega\varepsilon}B_{r=R}\dfrac{K_1(x_d r)}{K_1(x_d R)} \quad,\quad r<R \\[3mm] E_z(r)=\dfrac{ic^2 x_p}{\omega\varepsilon}B_{r=R}\dfrac{K_0(x_d r)}{K_1(x_d R)} \end{cases} \qquad (7.16)$$

那么我们就有

$$E_z(r)=E(0)I(0)\left[(\beta^2-\beta_0^2\varepsilon_p)^{1/2}r\right]$$

$$\approx E_z\left[\frac{1-\sqrt{1-\dfrac{\omega^2}{\omega_p^2}}}{1+\sqrt{1-\dfrac{\omega^2}{\omega_p^2}}}\right] \qquad (7.17)$$

一般来说，控制方程如式（7.18）~式（7.27）所示：

$$\nabla \times \boldsymbol{E} = -\frac{\partial \boldsymbol{B}}{\partial t} \tag{7.18}$$

$$\nabla \times \boldsymbol{B} = \mu_0 \boldsymbol{j} + \mu_0 \varepsilon_0 \frac{\partial \boldsymbol{E}}{\partial t} \tag{7.19}$$

$$\nabla \times (\nabla \times \boldsymbol{E}) = -\nabla \times \frac{\partial \boldsymbol{B}}{\partial t} \tag{7.20}$$

$$\frac{\partial}{\partial t} \nabla \times \boldsymbol{B} = \mu_0 \frac{\partial \boldsymbol{j}}{\partial t} + \mu_0 \varepsilon_0 \frac{\partial^2 \boldsymbol{E}}{\partial t^2} \tag{7.21}$$

$$-\nabla \times (\nabla \times \boldsymbol{E}) = \mu_0 \frac{\partial \boldsymbol{j}}{\partial t} + \mu_0 \varepsilon_0 \frac{\partial^2 \boldsymbol{E}}{\partial t^2} \tag{7.22}$$

$$-\nabla(\nabla \cdot \boldsymbol{E}) + \nabla^2 \boldsymbol{E} = \mu_0 \frac{\partial \boldsymbol{j}}{\partial t} + \mu_0 \varepsilon_0 \frac{\partial^2 \boldsymbol{E}}{\partial t^2} \tag{7.23}$$

$$\nabla^2 \boldsymbol{E} = \mu_0 \varepsilon_0 \frac{ze^2 n_e}{\varepsilon_0 m_e} \boldsymbol{E} + \mu_0 \varepsilon_0 \frac{\partial^2 \boldsymbol{E}}{\partial t^2} \tag{7.24}$$

$$\nabla^2 \boldsymbol{E} = \omega_p^2 \boldsymbol{E} + \mu_0 \varepsilon_0 \frac{\partial^2 \boldsymbol{E}}{\partial t^2} \tag{7.25}$$

$$\boldsymbol{E} = \boldsymbol{E}_0 e^{i(kx-\omega t)} \tag{7.26}$$

$$k^2 = \frac{1}{c^2}(\omega_p^2 - \omega^2) \tag{7.27}$$

当位移电流抵消电子电流 $k \to 0$ 时存在共振效应，于是有 $\omega = \omega_p$。式（7.15）~式（7.17）中电场的径向分量和 z 分量如图 7.17 所示。

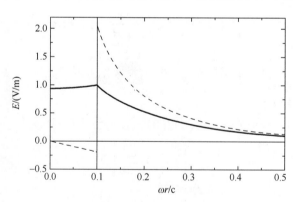

图 7.17　归一化为 $\omega/\omega_p = 0.3$ 时分量 E_z（实线）和 E_r（虚线）的变化

如图 7.18 所示为一个包含工作频率为 3.65GHz 的等离子体天线的一圈圆柱形的脉冲等离子体管，对其进行测试，包括接收喇叭在内的完整装置如图 7.19 所示。在等离子体管后面以 45°角纺织了一个金属反射体，向上反射反向微波，以防止实验室壁反射微波的干扰效应。测试表明，天线辐射主要是向上约 30°的方向，因此也相应地对接收天线取向。

图 7.18　Fabry-Perot 标准具（Fabry-Perot Etalon）实验装置的第一张照片

图 7.19　Fabry-Perot 标准具（Fabry-Perot Etalon）实验装置的第二张照片

实验得到的接收信号如图 7.20 所示。在开启脉冲时，等离子体首先完全截止微波信号。接着信号开始升高并完全透射。然而，当等离子体进一步衰变时，信号就会减弱，接着再次升高到完全透射。我们将第一个透射峰解释为 Fabry-Perot 效应。这种效应是完全可再现的，并且随发射频率的变化而变化。下面将通过理论计算，再现等离子体边界上的移相与等离子体密度的函数关系。

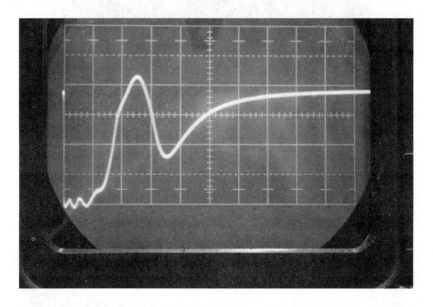

图 7.20　Fabry-Perot 标准具实验示波器的照片。当等离子体脉冲时，首先完全切断微波信号。信号随后上升，完成传输。然而，当等离子体进一步衰减时，信号就会减少，然后再上升，以完成传输。我们将第一个传输峰解释为 Fabry-Perot 效应。这种效应是完全可再现的，并且随发射频率的变化而变化

当我们使用一个中心有天线、完整环形分布的圆柱形等离子体时，我们观察到存在共振，这是因为在等离子体频率高于截止频率时，微波仍然穿透了等离子体环。在光学中观察到了这种效应，将其称为 Fabry-Perot 共振器。问题是：这样尖锐的共振是如何在共振器中发生的？答案是等离子体在真空-等离子体界面上反射的性质。如果计算界面上的反射，那么我们会发现：

（1）在低等离子体密度时，不会发生反射。

（2）随着等离子体密度的增加，使等离子体频率接近发射机频率，反射

逐渐增加。

（3）当等离子体频率等于发射机频率时，发生完全反射。

（4）当等离子体频率继续增加超过发射频率时，将继续保持完全反射。

（5）当等离子体频率从刚好等于发射机频率向无穷大增加时，在反射信号中有一个连续的 0°~180° 相移。

这意味着，在由初始脉冲放电开始的等离子体衰减过程中，总有一个点必发生共振。在该点，必定会出现 Fabry-Perot 效应。

$$E_0 \frac{\left(1-\left(1-\dfrac{\omega_p^2}{\omega^2}\right)^{\frac{1}{2}}\right)}{\left(1+\left(1-\dfrac{\omega_p^2}{\omega^2}\right)^{\frac{1}{2}}\right)} = E_r \tag{7.28}$$

当等离子体频率超过发射机频率时，式（7.28）变得复杂。

$$E_0 \frac{(1-\mathrm{i}\beta)}{(1+\mathrm{i}\beta)} = E_r \tag{7.29}$$

随着 β 从 0 到无穷大，反射信号的幅度保持不变。然而，反射信号的相位平滑地从 1 变化到 -1。在电气工程术语中，在相位 1 处是开路线，因为等离子体电流和位移电流相互抵消了；在相位 -1 处是短路线，因为等离子体电流占主导。

反射信号中的这种相移为等离子体天线带来了许多新的可能性和应用。这就意味着等离子体开窗储能能力的切换速度大大提高了，因为我们不需要通过降低等离子体密度来使其透波。初步测试表明，通过使用 Fabry-Perot Etalon 效应，可以将等离子体天线的切换和波束扫描速度从毫秒量级提高到微秒量级。

我们对 Fabry-Perot 等离子体共振器进行了更明确的测试。对频率高于微波截止频率的环形排布的等离子体管而言，可能会发生共振，使微波辐射能够从所制作的共振器中逸出。该方法的优点是等离子体密度可以在微秒量级时间内通过电离而增加，从而释放微波辐射。通常，微波辐射的释放需要等离子体衰减，这种衰减在毫秒时间尺度内发生。

与之前的实验结果和测试的比较表明，更快等离子体天线切换速度的微波等离子体 Fabry-Perot 腔体共振器的先进理论是正确的。

7.10　对智能等离子体天线在无线技术中的应用推测

7.10.1　引言

本节考虑智能等离子体天线在无线技术中应用可能性的推测（与 Shivkumar Kalyanaraman，Alejandra Mercado 和 Azimi-SadjadiBabak，2005 的私人通信）。我们希望读者在考虑到这些应用可能性的同时，记住智能等离子体天线尚未在这些环境中测试。

7.10.2　GPS 辅助定位及无 GPS 定位

路由方法依赖于网络节点的位置信息。在本节中，我们将解释使用智能等离子体天线如何能增强 GPS 辅助定位，并提出一种开发智能等离子体天线方向图可编程性实现无 GPS 定位的方法。

7.10.2.1　GPS 辅助定位

GPS 是一种广泛应用的定位技术，在单机模式下使用时可以实现几米的精确定位距离，在差分模式下甚至可以达到毫米的精度。为了达到这样的精度，应该估计和/或消除许多位置误差源。这些误差源包括差分、接收机时钟偏差、卫星时钟偏差、星历误差、电离层延迟、对流层延迟、整周模糊度（周期）以及多径误差。在所有这些误差源中，多径是唯一不能估计和消除的误差源。提醒读者注意，GPS 算法中的定位技术是基于三角定位的。这意味着该接收机测量它与 4 颗或更多颗卫星间的距离，并基于这些测量找到它自己的位置。任何不是视线的路径都不能反映卫星和 GPS 接收机之间的真实距离。为了减小多路径误差的影响，GPS 天线一般设计为能够消除掉海洋或地面产生的多径效应，但不能消除由其他物体（如建筑物或山丘）产生的多径影响。

智能等离子体天线可能会首次提供一种实用的可编程天线方向图，其可以有效地消除所有不需要的路径，从而显著减少多径引起的误差。存在这样一种可能性，即可以对智能等离子体天线辐射方向图进行编程，以使视场中每个卫星都能分配到方向图的一个波瓣。为了计及移动接收机和卫星移动，利用波束扫描控制算法可以自适应地将这些波束指向相关卫星。图 7.21 显示了如何使用智能等离子体天线消除 GPS 辅助定位中的多径效应。

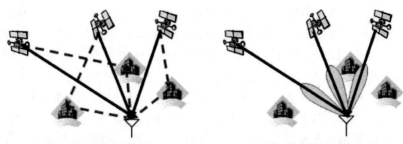

　　　具有全向天线的GPS接收机　　　　　　　具有等离子体天线的GPS接收机

图 7.21　智能等离子体天线可以消除 GPS 定位中多路径诱导的定位误差

7.10.2.2　无 GPS 定位

　　虽然在视场中有 4 颗或更多颗卫星时 GPS 提供了可接受的精度，但是自然或人为的障碍可能很容易阻断卫星信号，而且 GPS 信号也不能用于建筑物内部的定位。即使 GPS 信号是可用的，也不可能总是使用这种技术，因为通信单元可能没有足够的电池寿命来为 GPS 接收机供电，或者仅仅是因为在设备中安装 GPS 接收机经济上不可行。基于所有这些原因，无 GPS 定位是学术研究的重要部分，也是产业的一个挑战。使用智能等离子体天线的无 GPS 定位技术可以预估接收信号到达角（Angle of Arrival，AoA），并用于位置估计。

　　等离子体管可以很快激活和停用，因此等离子体天线可以被视为一种快速、可操纵的定向天线。接入点或移动节点可以通过使用以下方法获得另一节点的位置信息。它首先从第一个波束开始发送一条询问消息。然后等待该方向上节点的响应。在收到询问消息后，节点通过发回一个确认信息来响应。随后，第一个节点存储该节点的波束方向。在此之后，在表明该方向没有节点的超时之后，天线转向下一个波束，以此类推，直到覆盖整个 360° 范围。这一转向/响应方法用于获取每个用户的空间签名。

　　接入点或移动节点按顺序控制波束指向不同方向，从而覆盖整个空间。定位协议的目标是尽可能快地定位所有用户。

　　到目前为止，我们假设每个定向波束中的确认信息都是无争议的。我们需要考虑在某些方向上有多个节点的情况。在这种情况下，可以使用一些回退机制。第一个节点的同一定向波束可能需要多次发送消息来定位所有相邻的节点。通过波束连续扫描空间，直至找到相邻节点的所有方向，并对所有配备等离子体天线的用户重复该过程。

　　一旦网络节点有了到达角（AoA）信息，就可以使用它进行位置估计。假设事先已经有了网络中某些节点的位置信息，这些节点称为锚节点。使用锚节点，我们解释了网络中的其他节点如何在统一坐标系中定位自己。

在图 7.22 中，假设节点 1 和 2 是锚节点。使用智能等离子体天线，每个节点都可以估计节点 $i,j = 1, 2, \cdots, 6$ 的到达角度。很明显，节点 3 仅仅通过测量到达角和知道节点 1 与节点 2 的位置就可以找到其自身位置。节点 4 可以利用节点 3 和节点 1 的位置以及到达角来估计其自身位置。如果适用，可以对节点 5 和节点 6 以及其他节点重复这一过程。如果节点能够测量彼此之间的距离，那么可以使用均值平方估计器来合并所有信息，以使位置均方差最小。

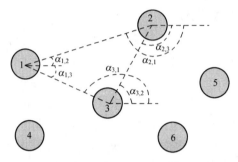

图 7.22　使用智能等离子体天线进行无 GPS 定位

智能等离子体天线的一个重要方面是天线方向图可编程。因为我们使用的是等离子体而不是金属，所以旁瓣可能会减小（然而，对使用等离子体天线来减小旁瓣而言，还需要进行更多的研究），通过开启和关闭等离子体管，实际上就可以根据需要获得任何复杂的方向图。定向天线的这种能力是前所未有的。除此之外，还可以使用信号处理算法来自适应地改变方向图，以便想要的发射机和接收机能够互相指向各自对应的波束，从而使用最高的增益进行数据传输。当接收机和发射机移动时，这种自适应算法就显得尤为重要。我们称之为波束/方向图跟踪算法。

在波束/方向图跟踪算法中，将每一个活跃波束的信号强度与其相邻（不活跃）波束进行比较。一旦相邻波束的信号强度较高，驱动程序就会改变方向图，使信号强度较高的波束处于活动状态。利用该算法，接收机和发射机可以在将天线波束指向多个接收机/发射机的同时，跟踪其运动。当发射机和接收机之间的视线可用且信号强时，该算法特别有用。这就是 GPS 接收机的情况。在 GPS 接收机中，可以使用智能等离子体天线和波束跟踪算法驱动程序，来去掉或显著衰减多径效应。

7.10.3　多跳网状无线分布网络架构

智能天线通常使用多单元阵列天线，并将智能处理置于信号处理方面。天线硬件本身是一个相当简单的结构，由按特定几何配置排列的全向或定向单元组成。智能等离子体天线可以增加天线硬件本身提供的自由度，因此信号处理软件可以利用它来实现更复杂的功能（抑制或利用多径效应），同时降低整个系统的成本。

特别地，考虑图 7.23 中的多跳网状无线分布网络架构，它将最终跳的智能天线连接到基站。为了简单起见，图中描述了一个固定的无线网络。灯柱（或等效结构）可以承载"最后一跳"的智能等离子体天线，也可以参与中继功能。"移动"或"家庭"用户发送的信号会在这个网络中经过几跳之后到达基站。

现在，当家庭或移动设备具有定向天线，并且最后一跳有相关信号处理能力的智能天线时，该模型中的高速通信就变得可行了。这是因为频谱复用、能量聚焦和多径衰落抑制导致显著增高的信噪比。另一个关键是以低成本、小尺寸设计此类智能天线。此外，如果前端天线硬件还允许复杂和可调的波束形成能力，那么它就提供了新的自由度，可以由控制和连接到前端天线的信号处理系统所利用。事实上，即使在多跳网络的两端使用目前简单的多单元阵列，朗讯（Lucent）BLAST（Bell Labs Layered Space-Time，贝尔实验室分层空-时）系统已经演示了 20bits/Hz 的巨大频谱效率。

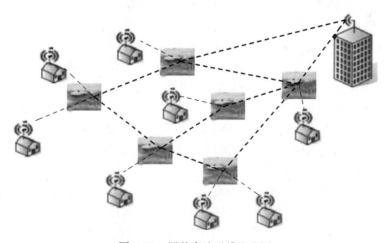

图 7.23　网状高速无线配电网

在使用智能天线的无线通信中，基站使用信号处理技术，将天线阵列增益波瓣虚拟地指向所需信号的方向，并将增益零点指向干扰信号的方向。由于无线信号经历多径散射，所以 RAKE 接收机可以使用最显著的多径信号来提高信干噪比（Signal to Interference and Noise Ratio，SINR），从而改善链路的质量。在这种设置中，基站将使用训练序列来确定所需的多径信号的方向，并将天线阵列的瓣指向它们。

可定向瓣的数目和空的数目取决于阵列中天线单元的数目。每个波瓣的波束宽度取决于单元之间的距离。天线单元的数量越多，可提供的捕获多个多径波瓣也越多，从而提高 SINR。然而，天线单元的增加也意味着更高的计算成本，因为问题的尺寸随着天线数量的增加而增加。

7.10.4　可重构波束宽度和波瓣数

选择天线阵列波瓣的波束宽度，以使对干扰信号的增益最小。波束宽度越窄，对所需信号的隔离度就越高。然而，我们还有另一个折中，因为窄波束宽度需要更长的训练信号来确保所需信号的方向。使用窄波束对所需信号方向的不可靠估计可能会导致所需信号的严重衰减，这会破坏天线阵列的用途。

智能等离子体天线允许新的自由度，并利用室外衰落和传播模型与先进的信号处理能力来模拟可获得的增益（如距离、带宽和效率）。多输入多输出（Multiple-Input-Multiple-Output，MIMO）处理所面临的挑战是选择一个能提供足够 SINR 的阵列配置，同时需要低的计算成本。这种布置方式的效果如图 7.24 所示。

大多数通信系统都会经历高峰时段和低需求时段。在高峰时段，系统资源紧张，无法提供足够的 SINR 水平。即使使用码分多址（Code Division Multiple Access，CDMA）系统，用户代码之间的互相关也不是零，因此大量不需要的信号的存在会增加干扰。在这种情况下，我们希望有非常窄的增益瓣来尽可能多地衰减不需要的信号。在图 7.24（a）中可以看出这一点，同样在图中，可以看到大量散射表面的存在可用于 BLAST 以增加信号强度。这两种技术都将改善链路质量，但它们都需要大量的计算。

图 7.24（b）给出了相反的情况：干扰源少，散射面更少。在这种情况下，可以通过使用较少和较宽的波瓣来显著降低天线阵列问题的复杂性。

可以通过对每个智能天线执行 360°扫描来确定信噪比水平和服务的方向。为了在给定扇区间区分用户，并降低功耗，可以对每个扇区的用户应用用户扩频码。

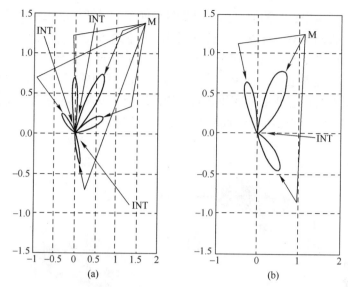

图 7.24　（a）用于峰时服务的天线瓣，具有多个干扰信号或多个反射面；
（b）低需求期或反射面较少的天线叶

这种设置提供了移动性，因为智能天线执行的周期性扫描允许所有用户以及所有自组织节点在不失去网络联系的情况下移动。任何节点都可以为每个用户提供服务，这就提供了额外的灵活性。

7.10.5　自适应定向性

智能等离子体天线的自适应定向性具有诸多优势。每个天线波束的方向性使得邻近用户之间可能的相互干扰的功率等级广播降至最低。从这个意义上讲，它具有空分多址（Space Division Multiple Access，SDMA）的一种形式。天线的方向性还降低了可能会被敌方间谍探测到的功率水平。智能等离子体天线的自适应特性允许波束以所需的最小计算量跟踪用户，并依据用户是处于高用户密度区或需要更强的隐身性，还是用户相对孤立地高速移动，来改变波束宽度。在高用户密度区或需要更强的隐身性情形下，波束可以变得很窄，而在用户相对孤立的高速移动情形下，波束变得较宽。

为了进一步降低传输功率水平，从而节省电池功率并隐藏用户和节点的位置，可以对每个用户信号应用低扩频增益码。低增益可以保持高的数据率。智能天线的高方向性对多址接入不需要高增益。低抽头 Walsh 码足以允许非常低的传输水平，以及对每个用户的良好保护。此外，可以实现自动功率控制，以减少整个网络的总功率传输。

在军事环境中，我们的目标是提供尽可能多的灵活性、机动性、隐蔽性和抗干扰性，我们调整设计以满足这些需求。我们考虑了一个无线自组织网络，其中按提供网络主干部署了多个节点。图 7.25 中的"悍马"就是一个例子。每辆"悍马"都配备了一个智能等离子体天线，其中每个天线都可以创建数量可变、具有自适应波束宽度和方向性的天线增益波瓣。每个士兵都有一个由"悍马"提供服务的低功率全向天线，可以提供最佳信噪比，并有能力为该用户服务。

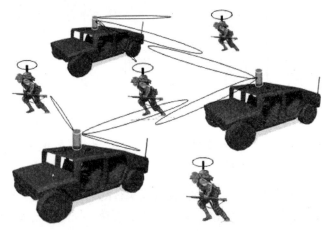

图 7.25　有不同数目自适应波束宽度及方向性的波瓣的智能等离子体天线

可以对每个智能天线执行 360°扫描来确定信噪比水平和服务的方向性。为了区分给定扇区的用户以及更低的功耗，可以对每个扇区的用户应用用户扩频码。

这种设置提供了移动性，因为智能天线的周期性扫描允许所有用户以及所有自组织节点在不丢失网络链接的情况下移动。任何节点都可以为每个用户提供服务，这就增加了灵活性。

7.10.6　蜂窝基站设置

在民用环境中，我们的目标是提供低成本和灵活性，我们可以使用智能天线的方向性作为实现 SDMA 的一种形式。图 7.26 显示了这个示例。

在这种情况下，考虑每个用户的服务角度都可以通过放置在同一塔上的一对全向天线来估计。这种设置允许智能天线阵列向用户提供不间断的服务，而无须估计服务方向。可以调整自适应波束宽度以适应附近的用户，为每个用户提供抗干扰保护。智能天线的波束数量可变，使得基站能够在不同位置为可变数量的用户提供服务。这样，当新用户初始化服务或其他用户终止服务时，技术人员无须安装额外的天线或进行更改。

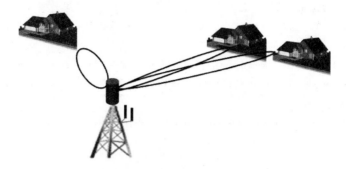

图 7.26　信号塔上面的智能等离子体天线

参 考 文 献

[1]　http://ieeexplore. ieee. org/Xplore/login. jsp? url = http% 3A% 2F% 2Fieeexplore. ieee. org% 2Fiel5% 2F4345408% 2F4345409% 2F04345600. pdf% 3Farnumber% 3D4345600&authDecision = -203.

[2]　http://www. haleakala-research. com/uploads/operatingplasmaantenna. pdf.

[3]　www. ionizedgasantennas. com.

[4]　www. haleakala-research. com.

[5]　www. drtedanderson. com.

[6]　Anderson, T. , "Multiple Tube Plasma Antenna," U. S. Patent No. 5,963,169, issued Oct. 5,1999.

[7]　Anderson, T. , and I. Alexeff, "Reconfgurable Scanner and RFID," Application Serial Number 11/879,725, Filed 7/18/2007.

[8]　Anderson, T. , "Confgurable Arrays for Steerable Antennas and Wireless Network Incorporating the Steerable Antennas," U. S. Patent No. 7,342,549, issued March 11, 2008.

[9]　Anderson, T. , "Reconfgurable Scanner and RFID System Using the Scanner," U. S. patent 6,922,173, issued July 26, 2005.

[10]　Anderson, T. , "Confgurable Arrays for Steerable Antennas and Wireless Network Incorporating the Steerable Antennas," U. S. Patent 6,870,517, issued March 22, 2005.

[11]　Anderson, T. , and I. Alexeff, "Theory and Experiments of Plasma Antenna Radiation Emitted Through Plasma Apertures or Windows with Suppressed Back and SideLobes," *International Conference on Plasma Science*, 2002.

[12]　Anderson. , T. , "Storage and Release of Electromagnetic Waves by Plasma Antennas and

Waveguides," *33rd AIAA Plasmadynamics and Lasers Conference*, 2002.

[13] Anderson, T. , and I. Alexeff, "Plasma Frequency Selective Surfaces," *International Conference on Plasma Science*, 2003.

[14] Anderson, T. , and I. Alexeff, "Theory of Plasma Windowing Antennas," *IEEE ICOPS*, Baltimore, MD, June 2004.

[15] I. Alexeff, "Pulsed Plasma Element," US patent 7,274,333, issued September 25, 2007.

[16] T. Anderson, "Tunable Plasma Frequency Devices," US patent, 7,292,191, issued November 6, 2007.

[17] T. Anderson, "Tunable Plasma Frequency Devices," US patent, 7,453,403, issued November 18, 2008.

第8章　等离子体频率选择表面

8.1　引　　言

　　等离子体频率选择表面[1]是在频率选择表面（FSS）中用等离子体代替金属。频率选择表面用来对电磁波滤波。每个 FSS 层都必须使用数值方法建模，并且这些 FSS 层以能够建立起所需滤波的方式堆叠。用遗传算法（Genetic Algorithms，GA）来确定实现所需滤波需要的堆叠，这是一个复杂且数值计算量巨大的过程。因此，我们发展了一种用等离子体单元代替 FSS 中金属的方法。等离子体频率选择表面可通过改变等离子体单元的密度来调谐到所需要的效果。这可以省去传统 FSS 结构标准分析中的大量常规分析。用户只需调整等离子体就可以获得所需的滤波效果。等离子体单元提供了改进屏蔽性以及可重构性和隐身性的可能性。通过关闭等离子体，可以使等离子体 FSS 透明。这扩展了之前我们在等离子体天线发展方面的科学成就。

　　随着等离子体密度的增加，等离子体趋肤深度变得越来越小，一直到单元的行为像金属单元一样，基于此我们建立了与使用金属单元 FSS 效果类似的滤波结构。理论和实验都表明，直到等离子体表现为金属模态之前，等离子体 FSS 都具有可连续改变的滤波效果。通过将等离子体单元模拟为介质衬底上的半波长和全波长偶极子单元，我们建立了等离子体 FSS 的基本数学模型。理论模型和数值预测结果与我们在等离子体 FSS 上的实验结果吻合良好。理论上，Floquet 定理用于将单元连接起来，其研究了等离子体 FSS 的透射和反射特性与等离子体密度的关系。使用频率 900MHz~12GHz，等离子体密度约为 2GHz。不断改变等离子体管的等离子体密度，观察电磁波反射和透射特性的可调性。随着等离子体密度的衰减，透射的电磁波能量如预期的那样增加。然而，在电磁信号频率远高于等离子体频率时，等离子体 FSS 也是透明的。将发射天线的极化旋转 90°，可产生类似但减小的效果。

　　我们建立了等离子体频率选择面阵列模型。同样，在实验室中也制作了等离子体 FSS。理论和实验结果非常一致。等离子体 FSS 是电磁滤波领域独具特色的新技术。这项技术的潜在回报很高，风险也不大。说是适度的，是因为我们已经开发了带有发射机的等离子体天线，但等离子体 FSS 在不需要发射机的某些方面更容易发展。

等离子体 FSS 可以以一种可调的方式屏蔽天线、军用电子设备和雷达系统。如果不需要，关闭掉等离子体，此时就屏蔽不可见了。等离子体 FSS 允许用户过滤掉任何不需要的辐射，但同时允许用户在该频带之外进行工作。技术转移的潜力是巨大的，因为可以调节等离子体 FSS 过滤掉商业产品中不需要的辐射，或者调节其过滤电磁发射以满足美国联邦通信委员会电磁兼容（Federal Communications Commission Electro Magnetic Compatibility，FCC MEC）的要求。

8.2　理论计算和数值结果

理论建模的核心是图 8.1 所示的尺度函数的数值计算。FSS 偶极子阵列由一系列垂直排列的散射单元的周期阵列组成。在传统的 FSS 结构中，散射单元是由具有良好导电性的材料（具有很高的反射率）制备的。

对于等离子体 FSS 结构，我们将散射单元想象为由放电管中包含的气体等离子体组成的。本节研究的目的是确定阵列的电磁散射特性与等离子体单元反射率的函数关系。

8.2.1　计算方法

本节分两个阶段计算等离子体 FSS 的响应（反射和透射）：

（1）给出完美导电结构的响应。

（2）为了解释等离子体的散射性质，我们通过一个取决于入射频率和等离子体频率的函数来衡量反射率。

下面将介绍这两个阶段的详情（与 Jim Raynolds 的私人通信）。

8.2.1.1　周期性矩量法

在计算的第一个阶段，我们使用了参考文献［2］中描述的周期性矩量法。将单元近似为细扁导线。由单频率入射平面波产生的散射电场为

$$E(R) = -I_A \frac{Z}{2D_x D_y} \sum_{k=-\infty}^{\infty} \sum_{n=-\infty}^{\infty} \frac{e^{-j\beta R \cdot \hat{r}_\pm}}{r_y} [(\perp \hat{n}_\pm)(\perp P) + (\parallel \hat{n}_\pm)(\parallel P)]$$

（8.1）

式中：I_A 为入射平面波在单个单元上感应的电流[2]；Z 为自由空间中介质的阻抗（$Z=377W$）；R 为观察点的位置矢量，散射矢量由下式定义：

$$\hat{r}\pm = \hat{x}r_x \pm \hat{y}r_y + \hat{z}r_z \tag{8.2}$$

且

$$\begin{cases} r_x = s_x + k\dfrac{\lambda}{D_x} \\[3mm] r_z = s_z + n\dfrac{\lambda}{D} \end{cases} \tag{8.3}$$

$$r_y = \sqrt{1 - \left(s_x + k\dfrac{\lambda}{D_x}\right)^2 - \left(s_z + n\dfrac{\lambda}{D_z}\right)^2} \tag{8.4}$$

式（8.2）~式（8.4）中：s_x 和 s_z 为指示入射平面波方向的单位矢量的分量。假定该阵列在 x-z 平面上，重复距离为 D_x 和 D_z，而 $\pm\hat{y}$ 分别表示前向、后向散射的方向。注意，对于足够多的整数 n 和 k 的值，散射矢量分量 r_y 变成了与消失模式对应的虚数。

剩余的量（在散射场表达式的方括号中）与入射电场在阵列单元上产生电压的方式有关，详细描述见参考文献 [2]。入射场在散射单元上感应的电压为

$$V(\boldsymbol{R}) = \boldsymbol{E}(\boldsymbol{R}) \cdot \hat{p}P \tag{8.5}$$

式中：$\boldsymbol{E}(\boldsymbol{R})$ 为入射平面波的电场矢量；$\hat{p}$ 为描述散射单元取向的单位矢量；P 为散射单元的方向图函数，定义为

$$P = \frac{1}{I^t(\boldsymbol{R})} \int_{\text{Eement}} I^t(l)\,e^{-i\beta l\hat{p}\cdot\hat{s}}\,\mathrm{d}l \tag{8.6}$$

式中：$I^t(l)$ 为位于 $\boldsymbol{R}$ 处的单元上的电流分布；$I^t(\boldsymbol{R})$ 为散射单元末端处的电流（如偶极天线中心处的电流）；$\hat{s}$ 为平面波入射方向的单位矢量；$\beta = 2\pi/\lambda$ 为波数。单位矢量 $_\perp\hat{n}$ 和 $_\parallel\hat{n}$ 描述电场极化，分别定义为

$$_\perp\hat{n} = \frac{-\hat{x}r_z + \hat{z}r_x}{\sqrt{r_x^2 + r_z^2}} \tag{8.7}$$

$$_\parallel\hat{n} = {}_\perp\hat{n}\times\hat{r} = \frac{1}{\sqrt{r_x^2 + r_z^2}}\left[-\hat{x}r_xr_y + \hat{y}(r_x^2 + r_z^2) - \hat{z}r_yr_z\right] \tag{8.8}$$

量 $_\perp P$ 和 $_\parallel P$ 是由方向图函数乘以合适的方向余弦得到的：$_\perp P = \hat{p}\cdot{}_\perp\hat{n}P$，$_\parallel P = \hat{p}\cdot{}_\parallel\hat{n}P$。有效终端电流为 I_A，该电流在散射电场方程中，由感应电压和阻抗得

$$I_A = \frac{V}{Z_A + Z_L} \tag{8.9}$$

式中：Z_L 为散射单元自阻抗；Z_A 为阵列的阻抗。

与所有矩量法中一样，必须考虑散射单元上的电流详细分布做一些近似处理。为了计算方向图函数，我们假设电流分布是电流模式的叠加。

和所有力矩方法一样，必须对散射单元上的电流分布做一些近似处理。为了计算模式函数，我们假设电流分布是电流模式的叠加。最低阶模式取为以下形式的正弦分布：

$$I_0(z) = \cos(\pi z/l) \tag{8.10}$$

其中，我们假设散射单元是长度为 l，且以原点为中心的导体。因此，最低阶模对应于一个波长为 $\lambda = 2l$ 的振荡电流分布。这一最低阶模产生相当于电流源在其中心的偶极子天线的辐射方向图。实际上，该模式将图 8.2 中的散射单元分成两段。接下来通过将每一个半散射单元分成另外的两端构成两个更高阶的模。这些模如下：

$$I_{1,2}(z) = \cos\left[\frac{2\pi\left(z \mp \frac{1}{4}\right)}{l}\right] \tag{8.11}$$

在物理上，这些模对应于中心在 $\pm l/4$、波长为 $\lambda = l$ 的电流分布。然后通过求解矩阵问题，确定在电流展开式中各模的系数，得到问题的解。对于本章考虑的频率，只有最低阶模可认为是能使计算极快。

8.2.2　部分导电的圆柱体散射

为了计算等离子体单元阵列的反射，我们提出了物理上的合理假设，即（对于一阶模）部分导电的等离子体的感应电流分布与完美导电散射单元的感应电流分布的不同点，仅仅是振幅不同的程度。在高导电率极限下，电流的分布与理想导体中是相同的，在零电导率极限下，电流的幅度为零。

散射电场与散射单元上的感应电流成正比。反过来，反射率也与散射单元中感应电流的平方成正比。因此，为了求出等离子体阵列的反射率，我们确定了感应电流的平方与等离子体的电磁特性之间的函数关系，并相应地对完美导电情形的反射率进行缩比。

为了得到电流平方的尺度函数，我们考虑下面的模型问题。散射问题是由一个无限延伸的介电圆柱体求解的，该圆柱体具有与部分电离、无碰撞等离子体相同的介电性质。假设等离子体的介电函数采用以下形式：

$$\varepsilon(\omega) = 1 - \frac{v_p^2}{v^2} \tag{8.12}$$

式中：v 为入射电磁波的频率；v_p 为等离子体频率，由下面式子定义：

$$v_p = \frac{1}{2\pi}\sqrt{\frac{4\pi ne^2}{m}} \tag{8.13}$$

式中：n 为电离电子密度；e 和 m 分别为电子电荷和质量。良导体的特点是与入射波频率相比，等离子体频率极限大。在等离子体频率消失的极限中，等离子体单元变得完全透明。

我们转向部分导电圆柱体散射问题的求解，电导率和圆柱体的散射特性由单一参数 v_p 指定。求解电场的波动方程为

$$\nabla^2 \boldsymbol{E} = \frac{1}{c^2}\frac{\partial^2 \boldsymbol{D}}{\partial^2 t} \tag{8.14}$$

该方程受柱面边界处电场与磁场的切向分量必须是连续的这一边界条件约束，考虑散射源于圆柱体与单个频率电磁波的相互作用。因此，假设所有场都具有时谐特性：

$$e^{-i\omega t} \tag{8.15}$$

其中，$\omega = 2\pi v$ 是角频率，对于时间相关性，我们采用物理惯例。熟悉电气工程约定的人员可以通过 $i \to -j$ 替换，将所有后续的方程转换到该惯例。

接下来，通过介电函数建立的位移场与电场关联的标准近似：

$$\boldsymbol{D}(\omega) = \varepsilon(\omega)\boldsymbol{E}(\omega) \tag{8.16}$$

通过施加圆柱形对称，波动方程采用贝塞尔方程的形式：

$$\frac{\partial^2 \boldsymbol{E}}{\partial^2 \rho} + \frac{1}{\rho}\frac{\partial \boldsymbol{E}}{\partial \rho} + \frac{1}{\rho^2}\frac{\partial^2 \boldsymbol{E}}{\partial \phi^2} + \varepsilon k^2 \boldsymbol{E} = 0 \tag{8.17}$$

其中，$k = \omega/c$，(ρ, ϕ) 是圆柱极坐标。方程（8.17）的通解由贝塞尔函数与复指数的乘积线性组合构成。圆柱外的总场包括入射平面波，加上以下形式的散射场：

$$\boldsymbol{E}_{\text{out}} = e^{ik\rho\cos\kappa} + \sum_{m=-\infty}^{\infty} A_m H_m(k\rho) e^{im\varphi} \tag{8.18}$$

其中，A_m 是要确定的系数，且 $H_m(k\rho) = J_m(k\rho) + iY_m(k\rho)$ 是对应于出射圆柱散射波的汉克尔函数。圆柱体内部的场只包含第一类贝塞尔函数，因为要求它在原点处是有限大的：

$$\boldsymbol{E}_{\text{in}} = \sum_{m=-\infty}^{\infty} B_m J_m(k\rho\sqrt{\varepsilon}) e^{im\varphi} \tag{8.19}$$

为了便于确定展开系数 A_m 和 B_m，以贝塞尔函数的展开形式给出入射平面波：

$$e^{ik\rho\cos\varphi} = \sum_{m=-\infty}^{\infty} i^m J_m(k\rho) \tag{8.20}$$

在圆柱体的边界上强制电场连续：

$$E_{\text{in}}(\rho=a,\varphi)=E_{\text{out}}(\rho=a,\varphi) \tag{8.21}$$

其中，假设圆柱体半径为 a。另一个边界条件是通过施加磁场连续性得到的。由一个麦克斯韦方程（法拉第定律），得到：

$$H=-\text{i}(1/k)\nabla\times E \tag{8.22}$$

假设电场与圆柱体轴（TM 极化）一致。这是唯一一个有趣的例子，因为 TE 波的散射是最小的。因而磁场的切向分量为

$$H_\varphi=-\text{i}(1/k)\left[-\frac{\partial E_z}{\partial\rho}\right] \tag{8.23}$$

通过结合电场的连续性对该场施加连续性，得到以下确定展开系数的方程组：

$$\text{i}^m J_m(ka)+A_m H_m(ka)=B_m(ka\sqrt{\varepsilon}) \tag{8.24}$$

$$\text{i}^m J'_m(ka)+A_m H'_m(ka)=B_m J'_m(ka\sqrt{\varepsilon})\sqrt{\varepsilon} \tag{8.25}$$

其中，贝塞尔函数和汉克尔函数上的"′"表示对参数的微分。

对展开系数而言，这些方程很容易求解：

$$A_m=\frac{-\text{i}^m(\sqrt{\varepsilon}J_m(ka)J'_m(ka\sqrt{\varepsilon})-J'_m(ka)J_m(ka\sqrt{\varepsilon}))}{\sqrt{\varepsilon}H_m(ka)J'_m(ka\sqrt{\varepsilon})-H'_m(ka)J_m(ka\sqrt{\varepsilon})} \tag{8.26}$$

$$B_m=\frac{\text{i}^m(J_m(ka)H'_m(ka)-J'_m(ka)H_m(ka))}{H'_m(ka)J_m(ka\sqrt{\varepsilon})-\sqrt{\varepsilon}H_m(ka)J'_m(ka\sqrt{\varepsilon})} \tag{8.27}$$

对这些系数的检验表明，当趋于极限 $\varepsilon\to1$（即等离子体频率为 0）时，得到 $A_m\to0$ 和 $B_m\to\text{i}^m$。因此，在这个极限下，散射场消失，圆柱体内部的场就像预期的那样简单地变成了入射场。

完美导电圆柱体的相反极限（即完全不导电，译者注）也很容易确定，但需要额外注意。首先考虑圆柱体内部的场，在完美导电极限下必须消失。圆柱体内部电场展开的一个典型项的形式为

$$B_m J_m(k\rho\sqrt{\varepsilon}) \tag{8.28}$$

完美电导率极限对应于在固定 ν 上取极限 $\nu_p\to\infty$。在这个极限 $\varepsilon\to-\dfrac{\nu_p^2}{\nu^2}$，

因而 $\sqrt{\varepsilon}=\text{i}\dfrac{\nu_p}{\nu}$。对于大的虚参量，贝塞尔函数以指数形式发散，因此

$$B_m J_m(k\rho\sqrt{\varepsilon})\to O\left(\frac{\nu}{\nu_p}\right)\to0 \tag{8.29}$$

最后，我们必须确定，如所预期那样，正好在圆柱体外的切向电场在完美电导率极限上为零。利用贝塞尔函数在大虚数参数下指数发散这一事实，给出散射波展开系数的以下极限：

$$A_n \rightarrow \frac{-\mathrm{i}^m J_m(ka)}{H_m(ka)} \tag{8.30}$$

因此，在散射波的展开过程中，在圆柱体外求值的一个典型项具有以下限制：

$$A_m H_m(ka) \rightarrow -\mathrm{i}^m J_m(ka) \tag{8.31}$$

这完全抵消了入射平面波展开中对应的项。

后面定义的尺度函数用于分析部分导电圆柱的散射，以基于完美导电阵列的计算机仿真结果，得到部分导电等离子体 FSS 阵列散射的合理近似。

基于以下观察/假设进行：

（1）等离子体 FSS 阵列的反射率完全由散射场与发射场的对比确定，这既取决于入射场又取决于散射场。

（2）部分导电（等离子体）FSS 阵列上的电流模式形状与完全导电阵列的相同。

（3）部分导电和完全导电阵列之间的唯一区别是电流模式的幅度。

由此得出结论：等离子体 FSS 的反射率由完美导电阵列反射率确定，具体是通过将完美导电阵列的反射率按所选择的合适尺度函数进行缩比得到。这个结论是基于这样一个事实：反射率与散射元件上电流分布振幅的平方成正比。

得出结论：等离子体 FSS 的反射率可以通过选择适当的尺度函数来缩放完美导电阵列的反射率，从而从完美导电阵列的反射率中确定。这一结论表明，反射率与散射单元上电流分布的振幅平方成正比。

图 8.1 所示为具有数值点绘图的尺度函数，是使用以下近似制作的。假设 FSS 阵列中有限大散射段上的电流幅度随等离子体频率按比例变化，其方式与孤立、无限长圆柱体的相同。尺度函数定义为

$$S(v, v_p) = 1.0 - |E_{\mathrm{out}}|^2 \tag{8.32}$$

式中：E_{out} 为预估的正好在圆柱体外的总切向电场。显然，从前一节的结果来看，尺度函数具有以下值：

$$0.0 \leqslant S(v, v_p) \leqslant 1.0 \tag{8.33}$$

对于固定入射频率 v，等离子体频率取值为

$$0.0 \leqslant v_p \leqslant \infty \qquad (8.34)$$

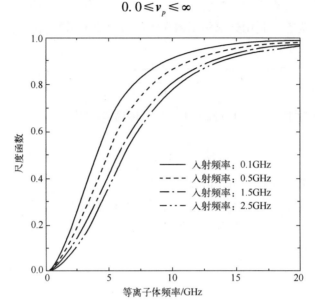

图 8.1　不同入射频率下的尺度函数—等离子体频率曲线。
这个函数是通过本节讨论的部分导电、超长圆柱体散射问题的求解得到的

该函数给出了几个不同入射频率下 v_p 的关系。

8.3　结　　果

本节实验给出了两种情况：

（1）设计了在 1GHz 附近具有良好反射共振的阵列（带阻滤波器）。

（2）设计了类似频率下可作为良好反射器工作的阵列。

8.3.1　可切换的带阻滤波器

假设每个散射单元的长度为 15cm，直径为 1cm，垂直间隔为 18cm，横向间隔为 10cm，FSS 偶极子阵列的示意图如图 8.2 所示。其给出了完美导电情况下的结果，以及几种不同等离子体频率下的结果，如图 8.3 所示。事先定义的反射率共振出现在 1.0GHz。这一结果表明，只有在 2.5GHz 以上的等离子体频率才会发生明显的反射。图 8.3 的结果说明了等离子体 FSS 的本质：通过控制等离子体的性质，可以实现高反射的带阻滤波器，并且可以简单地对其进行开关。

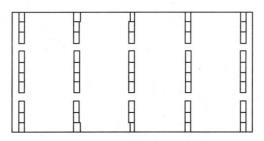

图 8.2　FSS 偶极子阵列的示意图

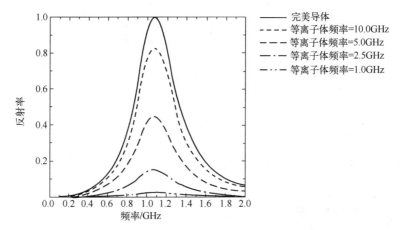

图 8.3　计算了偶极子、等离子体 FSS 阵列对几个等离子体频率值的反射率，
用周期矩量法得到了完全导电情况下的结果。利用图 8.1 的尺度函数对
完全导电的结果进行缩比，得到了部分导电等离子体 FSS 的结果

8.3.2　可切换的反射器

下面将考虑设计可开关反射器的结构，如图 8.4 所示。通过把散射单元紧密放在一起，我们得到一个结构，对于足够高的频率，该结构表现为一个良好的反射器。它的长度、直径、垂直间距和横向间距分别为 10cm、1cm、1cm 和 2cm。

计算的完美导电情形的反射率，以及几个等离子体频率值下的反射率如图 8.5 所示，其实验结果如图 8.6 所示。

当等离子体频率在 1.8~2.2GHz 时，所设计结构以可开关的反射器工作。换句话说，通过将等离子体频率由低到高改变，反射器的反射率由完美透波到高度反射。

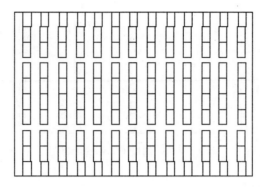

图 8.4　可开关反射器的示意图。长度、直径、垂直间距和
横向间距分别为 10cm、1cm、1cm 和 2cm

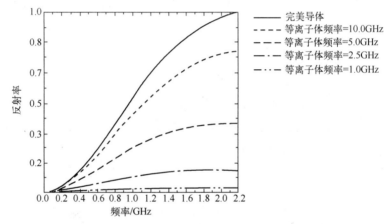

图 8.5　可切换等离子体反射器的反射率。对于 1.8~2.2GHz 的频率，
该结构作为一个良好的反射器来工作，以获得足够高的等离子体频率值

　　在这种情况下，选择长度为 10cm、直径为 1cm 的散射单元。垂直间距为 1cm，水平间距为 2cm。

　　实验和理论工作的叠放绘制如图 8.7 所示，图中显示了良好的一致性。这里介绍了等离子体 FSS 的理论计算与相应的等离子体 FSS 对入射频率衰减实验的比较。等离子体管有 4 英寸[①]和 5 英寸长两种，这一长度包含了等离子体管的金属端。等离子体管水平方向间隔为 2 英寸，垂直方向间隔为 1 英寸。差异主要是由于理论图是一个无限大阵列，实验图是一个有限大阵列。理论图和实

――――――――――

　　① 　1 英寸 = 2.54cm

98

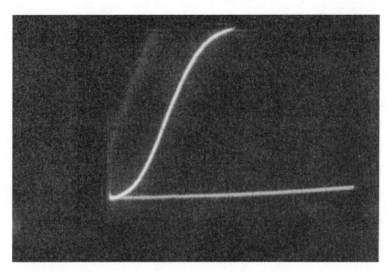

图 8.6　这张照片显示了图 8.5 所示对应的实验结果。最初是有截止（反射）的，
但随着等离子体衰减，我们看到有电磁波穿过等离子体 FSS

验图的峰值共振非常接近，实验图的次峰是由于阵列的尺寸是有限的。另一种
分析方法是使用 Kraus 和 Marhefka[3] 中的互阻抗模型，该模型可应用于有限大
阵列，并可从金属天线扩展到等离子体天线。该模型可以利用等离子体天线中
的电流矩阵来推导出辐射天线场。这里给出的方法与 Munk[2] 对金属 FSS 给出
的方法相似。

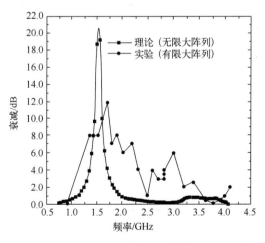

图 8.7　理论和实验叠放图

参 考 文 献

[1] Anderson, T., and I. Alexeff, "Plasma Frequency Selective Surfaces," *IEEE Transactionson Plasma Science*, Vol. 35, No. 2, April 2007, p. 407.

[2] Munk, B. A., *Frequency Selective Surfaces*, New York: Wiley-Interscience, 2000.

[3] Kraus, J., and R. *Marhefka*, *Antennas for All Applications*, 3rd ed., New York: McGraw-Hill, 2001, pp. 444-454.

第9章 实验工作

9.1 引 言

Borg 等[1-2]进行了实验，证明表面波可以在 30~300MHz 的频率范围内形成等离子体柱。他们的实验表明，在圆柱形等离子体柱上的这种物理现象，类似于沿着金属圆柱体的电磁引导波发生的现象。

在美国，Anderson 和 Alexeff[3-5]对等离子体反射天线、等离子体发射和接收天线、等离子体波导、高能等离子体天线、等离子体频率选择面以及智能等离子体天线进行了实验研究。

9.2 基础等离子体天线实验

有关等离子体天线[3-5]的实验内容如下：

（1）发射和接收：已经在宽频率范围（500MHz~20GHz）内验证了工作等离子体天线的传输和接收能力。结果表明，这种天线的效率可以与相同配置的金属（铜）天线相媲美。

（2）隐身：当断电时，等离子体天线反转到具有小雷达散射截面的介质管。

（3）可重构性：研制出 3GHz 工作的抛物面等离子体反射器。当通电时，它会反射无线电信号。当断电时，无线电信号就会无耗地通过它。

（4）屏蔽：当将等离子体反射器置于接收喇叭上并通电时，可防止需要的 3GHz 信号进来。当天线断电时，信号就会自由地通过。

（5）电子战防护：当等离子体反射器天线在 3GHz 处工作并反射信号时，20GHz 的信号可以自由地通过同一反射器。这种方法是配置等离子体天线，使得高频、电子战信号可以没有明显相互作用地穿过天线，而天线可以在低频仍然发射和接收信号。

（6）坚固性和机械稳健性：在第一次设计中，组成等离子体天线的玻璃管被封装在一个介质块中。在第二次设计中，等离子体天线由柔性塑料管组成。

（7）机械可重构性：对一种由柔性塑料管组成处于工作状态的等离子体天线进行机械操作，特别是不用时可以压缩和打包收起等离子体天线。

（8）等离子体波导：开发了等离子体同轴波导。这种波导的优点是在断电状态下退回成介质管，并且不会产生大的雷达散射截面。

开关上的同轴等离子体如图9.1所示。在这个开关中，外导体是一个金属外壳，内导体是一个等离子体放电管。当管子不加电时，外壳就会形成高于截止频率的金属波导，不能发射辐射。当加电使等离子体放电管放电时，该装置成为同轴波导，可以很好地发射无线电信号。

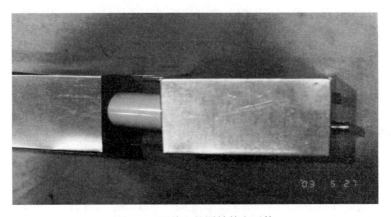

图9.1　开关上的同轴等离子体

早期的等离子体天线如图9.2（a）所示。研究发现，在适当的条件下，相同形状和工作频率的等离子体天线与金属天线，静态模式下对信号的发射和接收几乎完全相同。另外，等离子体天线具有可重构性优点。

图9.2（b）中，利用全景接收喇叭天线测量信号强度。全景扫调接收机是一种可以进行调整以在大频率范围接收信号的接收机。图9.2（b）所示是接收到的由折叠偶极子等离子体天线发射（类似于图9.2（a）），由相同形状尺寸的折叠金属偶极子天线发射的信号强度图，说明发射等离子体天线在静态不可重构模式下与相应的金属天线性能几乎相同。然而，等离子体天线的许多优点都在于其可重构性。

早期的等离子体抛物面反射器天线如图9.3所示。利用这一装置可演示其隐身、可重构性和电子战防护。

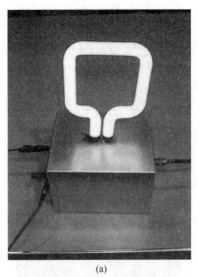

(a)

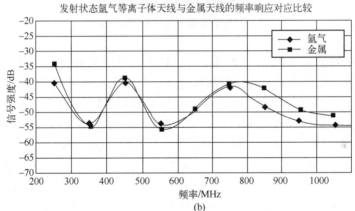

发射状态氩气等离子体天线与金属天线的频率响应对应比较

(b)

图 9.2 (a) 早期的等离子体天线。(b) 基本等离子体发射折叠偶极子的信号强度。
该天线类似于图 (a) 中的等离子体天线与相应的金属折叠偶极子天线的比较。
信号强度为 dBm。氩气等离子体天线接收到的信号强度由带有黑色菱形的曲线给出。
相应的金属天线接收到的信号强度由一条带有黑色方块的曲线给出。
实验使用的是全景喇叭接收机

下面是 2002 年在马利布研究所的微波暗室对等离子体反射器天线和金属反射器天线进行的比较实验。对传统的反射面天线和等离子体管反射器的反射方向图进行了性能比较。在这些实验中,将天线的配置设计成一个偏心馈电、圆柱形的抛物面反射器。

图 9.3　早期的等离子体抛物面反射器天线

　　传统的实体天线是一个 28 英寸高、36.5 英寸长的抛物面形圆柱体，其垂直维度为抛物线形状。这是一个偏馈设计，抛物面段外部尺寸为 28 英寸，是一个直径为 52 英寸的碟形的一部分。抛物面的焦距为 13 英寸，即产生一个抛物面最高点处 13 英寸的深度。天线由线源馈电，通过使用一个抛物柱面天线来实现。在主焦点配置中，抛物柱面天线（pillbox antenna）安装在反射面天线的前方，并且有一个喇叭口，在反射器的垂直维度上提供标称为-10dB 振幅锥削。在纵向维度上，抛物柱面天线本身就是一个抛物线。抛物柱面抛物线的焦距是 9 英寸，包括馈电喇叭口在内抛物柱面的深度大约为 14 英寸。选择馈电平行板的平板间距以产生水平极化（即电场与反射器的长度方向平行）。测试的工作频率选择为 3.0GHz，这完全在设计中使用的 WR-284 波导的带宽范围内。图 9.4 所示为实体金属反射器天线。

　　通过简单地用标称形状和尺寸相同的等离子体管替换实体反射器金属面，就形成了等离子体天线。等离子体天线发射器如图 9.5 所示。

　　等离子体反射器由 17 个荧光灯管组成，标称的管—管投影间距为 1.5 英寸。能够在 3.0GHz 频率下有效地选择管间距。这些管子按照与基线实体反射器相同的圆柱形抛物线形状排列，并形成这样一个反射面，即从最高管子的上周界到最低管子的下周界测量，反射面高为 24.75 英寸。这些管子是由两个垂直形状的有机玻璃支架支撑的，支架上钻有孔，可以把管子穿进去。

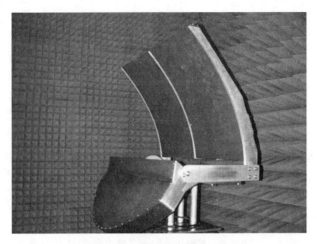

图 9.4　实体金属反射器天线

图 9.5　等离子体天线发射器

市面上的荧光灯管长为 35.125 英寸，包括金属端帽。实际的灯泡长度（电极—电极间距）为 33.5 英寸。

利用图 9.6 所示的布置方式，用脉冲模式点着等离子体管。这里给出了电路布置中 R、F、V 及有效镇流器电阻的值：

$$R = 40\text{M}\Omega$$

$$F = 4\mu\text{fd}$$

$$V = 20\text{kV}$$

有效镇流器电阻 $= 10\text{k}\Omega$

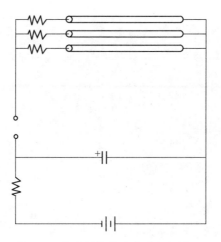

图 9.6　等离子体管火花隙电气原理

本实验测量了 3.0GHz 下的天线方向图。作为参考实体金属反射器天线和原理验证等离子体反射器天线的方向图测量采样结果一起绘制，如图 9.7 所示。由图可见，原理验证等离子体天线的方向图与参考的实体传统天线方向图吻合得很好。

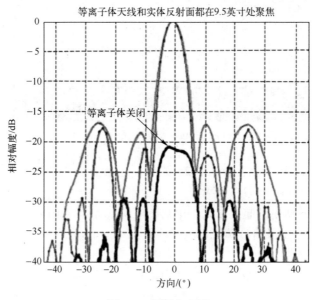

图 9.7　辐射方向图

　　图 9.7 还显示了当等离子体放电管没有通电时，等离子体天线接收到的信号。可以看出，接收到的信号下降了大约 20dB（原文有误为 −20dB，译者注）。这个信号电平主要是由于等离子体容器和电极的反射。通过合适地设计对消，很容易将该电平降低到 −30dB。

　　图 9.7 和图 9.8 显示，等离子体的反射器天线比相应的金属反射器天线有更低的旁瓣。到目前为止，还没有任何理论可以预测这种效应，但这可能是由于等离子体相对于金属的软表面效应。

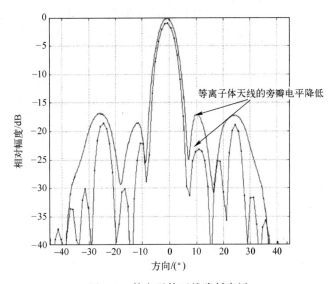

图 9.8　等离子体天线降低旁瓣

　　本实验还测量了等离子体反射面引入接收机的噪声水平。天线输出端的接收信号被放大到一定的水平，以确保接收系统的噪声占主导，而不是频谱分析仪的各种热噪声。在信号关闭，等离子体管没有加电之前，开始监测噪声水平。然后对等离子体管加电，监测噪声水平的变化。在每一次等离子体点火放电都观察到与约 400K 等效温升相对应的噪声峰值。等离子体脉冲的上升时间为几纳秒，衰减时间较长。我们怀疑，脉冲开始时快速变化的电流在 3.0GHz 频率范围内辐射。因此，又进行了一项实验，即在馈电喇叭附近放置了一根绝缘导线，使用相同的限流电阻，让火花隙点火（不给等离子体管加电），从而产生电流脉冲。所产生并被频谱分析仪监测到的噪声与等离子体管产生的噪声非常相似。这倾向于证实噪声是由脉冲的快速上升时间特性而不是等离子体气体产生的。

产生脉冲的火花隙技术产生了一定的电磁干扰（Electromagnetic Interference，EMI）噪声，但智能等离子体天线没有采用火花隙技术产生脉冲，所以也没有监测到 EMI 噪声。

9.3 抑制或消除由火花隙技术产生的 EMI 噪声

图 9.9 所示的方法适用于火花隙生成脉冲技术产生的噪声。为智能等离子体天线开发的技术没有使用火花隙技术产生脉冲，EMI 脉冲器噪声也不是问题。利用这些技术，脉冲装置产生的 EMI 噪声将大大降低或消除。

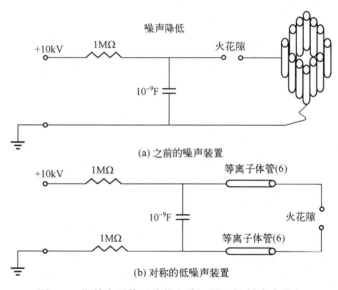

图 9.9 带等离子体天线的电路，用于抑制脉冲噪声

在一些使用火花隙脉冲技术的实验中，EMI 信号从脉冲发生器泄漏到接收机。通过对脉冲发生器重新布线，并使其与地面电对称，脉冲噪声源从单极转换为多极，从而大大降低了脉冲隙生成脉冲产生的 EMI 噪声。在最敏感的全景扫调接收机设置中，脉冲发生器噪声与热噪声相当。图 9.10 显示的是脉冲发生器关闭时的示波器信号，图 9.11 显示的是降噪后脉冲发生器产生的信号。

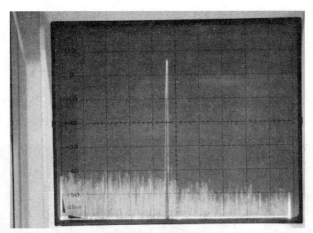

图 9.10 脉冲发生器关闭时的示波器信号

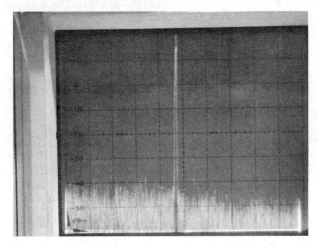

图 9.11 降噪后脉冲发生器产生的信号

9.4 等离子体反射器天线结论

与实体反射器相比，原理验证等离子体天线的性能更优异。两种配置下测量的方向图和增益非常相似。我们很容易意识到这种天线设计方案的隐身性质，因为当不加电时对雷达信号而言，天线基本上消失了。该实验已经验证了 20dB 的信号降低，经过精心设计，可以很容易地降低到−30dB 以下。考虑到等离子体反射器设计所采用的都是市面上可以买得到的普通荧光灯管，因而这些测量结果非常出色。这种等离子体天线用于大电流、短脉冲配置。对于隐身项目，可以将第一个金属反射器封装在结构体内部。

9.5 等离子体波导

第二种与天线相关的等离子体应用是等离子体波导[6-7]，如图 9.12 所示。这里，内导体由一个等离子体管和其外环绕的 8 个等离子体管构成的外壳组成。

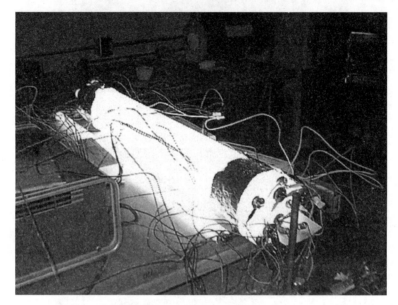

图 9.12 等离子体波导

当气体被激发成等离子体时，该结构传输辐射，几乎和同轴电缆一样；但当它关闭时，传输的信号减少了 100dB 以上，即 10^{10} 倍。这样的等离子体波导可以将辐射传输到舰船桅杆的天线上，但在断电时对辐射变得透明。

图 9.13 和图 9.14 是两种等离子体波导设计的原理图。当内管中的等离子体开启时，电磁波沿着波导传播。当内管中的等离子体管关闭时，波导低于截止值，不发生传播。

图 9.13 金属或等离子体波导内的等离子体管

图 9.14　第二种等离子体波导设计

内圆柱充满了等离子体（暗区），外环圆柱内也充满了等离子体。内圆柱和外圆柱环之间有一个不导电区域（白色）。可以重构等离子体趋肤深度，从而形成可重构波导。雷达信号将穿过一个断电的波导而不被反射回来。事实上，这些波导在工作的天线前方是导通的状态，而在关闭时对雷达而言则几乎看不见。

9.6　等离子体频率选择表面

有关等离子体 FSS 的更多材料，请参阅第 8 章。第三个等离子体天线的应用是可重构性。可重构等离子体 FSS 滤波器的效果如图 9.15 所示。

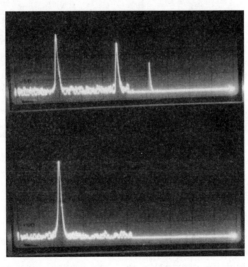

图 9.15　等离子体频率选择表面（FSS）滤波器去除第二个和更高的谐波

在发射机和接收机之间放置等离子体 FSS 可以消除二次和更高次的谐波（每平方单位 2dB）。在第一个示波器迹线中，我们观察到从一个驱动到非线性极限的振荡器发出的几条谱线。在第二个示波器迹线中，通过对安放在发射机和接收机之间的等离子体 FSS 滤波器加电，几条较高频率的谱线已经移除。图 9.16 和图 9.17 是等离子体 FSS 装置的照片。

图 9.16　实验室的照片显示建立的等离子体 FSS 与偶极元件和喇叭接收天线

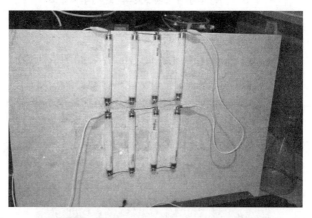

图 9.17　用偶极子元件建立的等离子体 FSS 实验装置的特写照片

9.7　脉冲技术

可以用 DC 电离等离子体管。然而，如果等离子体管被极短的直流电脉冲电离，那么就可以得到以下显著的改进。等离子体在极短的时间内（约 2μs）

产生，但是其持续时间要长得多（1/100s）。这就是为什么荧光灯可以在 60Hz 或 50Hz 电源下工作的原因。因此，若脉冲频率增加到 1kHz，则等离子体管以基本恒定的密度工作。

这种新的工作模式有三个好处。

（1）激励电流接通仅 2μs，而断开 1ms。因此，放电电流仅在 0.2% 的时间内开启，所以大部分时间不存在电流驱动的不稳定性。然而，实验已经证明电流驱动的不稳定性不是问题。一般来说，在非载流状态下运行等离子体管，与在载流状态运行相比，余辉状态产生的噪声低得多。即使在电流驱动状态下，我们也发现等离子体天线的热噪声小于金属天线的热噪声。对于在 1GHz 之上工作的荧光灯管，以及如果压力降低到较低频率下工作的荧光灯管，这是对的。

（2）出乎意料的是，脉冲功率技术产生的等离子体密度要比稳态下相同功率产生的等离子体密度高得多。这一观察产生了两个有益的结果。在稳态又不毁坏放电管电极的情况下，等离子体天线可以在比以前更高的等离子体频率和密度下工作。以前，我们使用商用荧光管，只能在 800MHz 以下稳态工作。现在可以在几吉赫下工作，没有研究频率上限。

（3）使用较低的平均功耗，等离子体天线可以在高得多的等离子体频率和密度下工作。这将导致更低的功率。

实验中发现了一个显著的等离子体效应，就是在通过脉冲功率输入提供的同一平均输入功率下，等离子体密度大幅增加[8-12]。在这些实验中，观察到密度增加超过 100 倍。虽然不同的实验者使用不同的功率输入技术观察到了相似的效果，但就我们所知，还没有人对此提供理论解释。

由于功率[13]很明显地沉积到等离子体中，所以我们假设在输入功率时，会发生等离子体损耗的增强（与 I. Alexeff 的私人通信，2007）。这一等离子体损耗发生在时间尺度 T_1 上。通过关闭功率输入，这一等离子体损耗过程会在时间尺度 T_2 上消失。所产生的余辉等离子体在一个更长的时间尺度 T_3 上消失。我们将此建模为在时间尺度 T_4 上重复的功率 δ 函数驱动的系统。δ 函数的高度值与 T_4 成正比，因而脉冲之间的间隔时间越长，δ 函数值就越高，但平均功率输入保持不变。

作为单脉冲基的一级近似，我们得

$$\frac{N_{AG}}{N_{SS}} = \exp\left(-\frac{T_2}{T_1}\right)\frac{T_4}{T_5} \tag{9.1}$$

式中：N_{AG} 为脉冲过程中的余辉密度；N_{SS} 是稳态运行时的密度。在我们的实验中，T_4 大约为 T_5（δ 函数的持续时间）的 1000 倍。若我们假设快速衰减过程

T_1 与该衰减过程在 T_2 时消失的时间大致相同，则这个计算得到的密度增强大约为 300 倍，该数字与我们观测到的密度增强一致。这个计算忽略了前一个脉冲留下的等离子体，但这大部分都被脉冲的影响所抵消。无论如何，它只能改善等离子体密度条件。

图 9.18 所示为脉冲发生设备的原理。一个 0~30kV 的电源连接到一个 RC 电源，该 RC 电源包括一个 1.5MΩ 的电阻器，该电阻器用来给一个纳法电容充电。

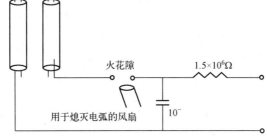

图 9.18　早期的脉冲装置

在火花隙上形成的高压电弧为荧光灯提供了脉冲电流，最多可 12 个串联。当以高脉冲频率（1kHz 及以上）运行电弧时，火花隙趋于稳定形成稳态弧。在火花隙上放置一个小型鼓风机，以排出电离空气。实践证明，这个解决方案非常有效。

图 9.19 所示为脉冲等离子体管和喇叭接收机。

图 9.19　脉冲等离子体管和喇叭接收机

综上所述，将等离子体管脉冲功率电源包括进来后，起到了降低噪声、提高稳态直流等离子体密度以及降低功耗等作用。

9.8 等离子体天线嵌套实验

本节与 5.5 节中的等离子体天线嵌套实验有关，但有所不同。图 9.18 与图 5.6 相似，但本节中的低频比 5.5 节中的低频更低。

在图 9.20 中，下方的轨迹线显示了来自 1.7GHz 等离子体天线和来自 8GHz 的金属喇叭天线两个发射天线的信号，这些信号穿过由一圈环形排布的等离子体管代表的未加电等离子体屏障。上方的轨迹线显示了 1.7GHz 信号被加电的等离子体屏障所阻断，而 8GHz 的信号则可以通过该屏障。这意味着加电等离子体屏障具有大于 1.7GHz，但小于 8GHz 的等离子体频率。

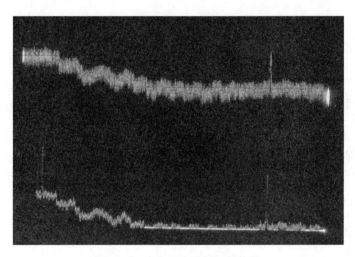

图 9.20 来自两个发射机的信号

开启等离子体状态接收到的信号显示出与关闭等离子体状态接收到的信号相比，明显噪声多得多。显然微波信号上不存在噪声信号，但噪声信号主要是由于接收机通过电源线拾取了噪声信号。从全景扫调接收机中断开接收天线不会改变观察到的噪声水平。

在图 9.21 中，等离子体发射天线放置在作为屏障的环形排列的一圈等离子体管环内。第二个发射喇叭天线放置在这一圈等离子体管环外。当这些等离子体管中的等离子体频率低于 1.7GHz 或关闭时，在等离子体管环外的接收喇叭天线同时接收到两个发射天线的信号。

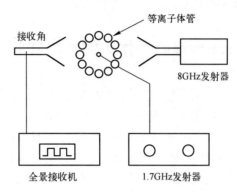

图 9.21　实验装置，该装置展示了位于等离子体屏障内侧的发射等离子体天线，以及位于等离子体屏障外侧的喇叭天线，等离子体屏障为等离子体管所围成的环

9.9　高功率等离子体天线

9.9.1　引言

本节目的是在高功率下运行等离子体天线。在脉冲模式下，等离子体天线已经成功地以超过 2MW 的功率工作。等离子体天线在脉冲模式下已成功工作在 2MW 以上。有一种简单的方法可以以极其简单的方式将脉冲系统的输出功率增加 2 倍。这种发展可能在电子战中有很大的用处。

9.9.2　高功率问题

考虑一个向同轴电缆充电的高压系统。火花隙将该同轴电缆连接到另一根端接在天线中的同轴电缆。这种电缆系统的照片如图 9.22 所示。已观察到该系统辐射超过 2MW 的脉冲能量。所使用的设备如图 9.23 所示。一般来说，电源的电压是受火花放电限制的。另外，同轴电缆系统可以在短时间内承受巨大的电压。

绕过电源电压限制功率的方法是给阻抗极低的线路充电。低阻抗线通过火花隙放电，形成渐变阻抗线。例如，如果这条线的阻抗为 10Ω，并且这条线的阻抗增加到 300Ω，这样使天线与空间匹配，而电压会升高 $\sqrt{300/10}$ 倍；因此，若直接由电源给 300Ω 的线路充电，则功率会升高 30 倍。美国海军研究实验室已成功使用这种阻抗渐变线，来将脉冲电源的输出从 100000A 下的 10MV 转换为 1MA 下的 1MV。

图 9.22　用于高能等离子体天线的导线系统

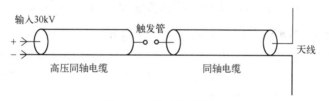

图 9.23　脉冲功率装置

9.9.3　高功率解决方案

高功率解决方案设计的基本问题是用一种简单而廉价的方式制造阻抗渐变线，这种渐变线很难制造。解决方案是用一条有周期性阻抗变化的非渐变线来模拟渐变线。在不同的教材中，有开路、短路和匹配的同轴线，但没有详细讨论故意不匹配的线。若阻抗升高 3 倍，则电压将上升约 1.5 倍，功率增加约 2 倍，有大约 30% 的功率将被反射回来。这种阻抗变换可以重复多次，每次功率增加 2 倍。在某些情况下，不使用阶梯线或渐变线，此时将 50Ω 线充电到 10kV。在火花放电时，功率为 $\frac{10^8}{50}$W 或 2MW。

9.9.4　实验验证

实验验证装置如图 9.24 所示，其中两条 53Ω 线并联，形成一条 25.5Ω 线。这条线与一条 75Ω 线相连，产生 3∶1 的预期失配。这些线由 Tektronix 示波器上的一个脉冲发生器驱动。这些线很长，大约 100m 长，这就充分减缓了在传统示波器上观察到的现象。

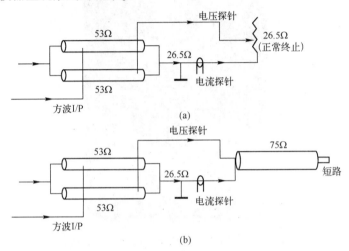

图 9.24　两个实验装置显示阻抗不匹配下的电压放大

图 9.25 和图 9.26 显示了实验数据。在图 9.25 中，25.5Ω 的复合线端接电位器，电位器调整到能终止线的合适位置，这通过观察得到最小反射确定。终端值用欧姆计测量为大约 25Ω 的所需值。电压（下方的曲线）升高约 2 格，而电流（上方的曲线）也升高约 2 格。

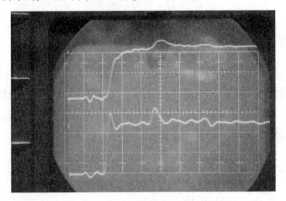

图 9.25　25.5Ω 的复合线路端接电位器时的电流和电压

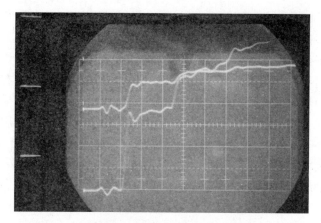

图 9.26　电位器被 75Ω 导线替换以后的电流和电压

然后，用阻抗 75Ω 的导线代替电位器。如所预想的那样，电压上升了大约 3 格，而电流下降大约 1 格。因此，通过 75Ω 线的功率现在是直接由电源激发时的两倍。这个过程伴有功率损耗。

大功率等离子体天线原理图如图 9.27 所示。

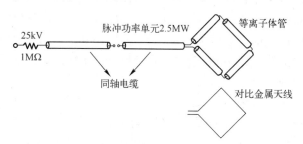

图 9.27　大功率等离子体天线原理图。如果脉冲功率重复率足够高，那么脉冲之间的等离子体密度保持不变

9.9.5　大功率等离子体天线的研究结论

同轴电缆充电到 25kV，它通过火花隙放电耦合到下一个连接等离子体天线的同轴电缆上。辐射被全景扫调接收机或示波器捕捉。对等离子体天线与金属天线进行比较，接收到的信号具有可比性。通过一个本地振荡器向金属天线馈电，进行功率输出校准。将上一步接收到的功率与脉冲功率电源进行比较，验证脉冲功率输出为 2.5MW。

只使用传统的同轴电缆来验证在脉冲电源系统中任意增加功率的简单方法，是脉冲功率技术的一个显著进步，在后续进一步实验中，该技术将用于等离子体天线。随着连接到终端电缆的馈电电缆数量的增加，传输功率增加，效率有所降低。假定每个馈电电缆都具有与终端电缆相同的阻抗。

在等离子体天线上测试了 2MW 的脉冲功率电源。在发射模式下，对高功率而言，等离子体天线与金属天线的效率相同。等离子体天线具有可重构性的额外优点，而金属天线则没有，这再次验证了低功率下发现的结果。在等离子体天线上测试了兆瓦级的功率电源。使用类似于海军研究实验室用过的脉冲功率电源，产生金属天线上兆瓦级的辐射脉冲。设备的设计见图 9.27。一段50Ω 的同轴电缆充电到 25kV。接着，它通过火花隙放电耦合到第二段同轴电缆，然后耦合到 4 个串联的荧光灯，形成一个环形天线。先前的实验表明，如果脉冲重复频率超过千赫，那么荧光灯中的等离子体基本上处于稳态。进入等离子体天线的微波辐射脉冲向外辐射，并被一个大约 1m 远的小天线接收。接收到的信号幅度约为 5V。由于天线的输入阻抗为 50Ω，如终端电阻器所确定的，接收到的功率为 0.5W。辐射的频率约为 13MHz，与海军研究实验室用金属天线实验的结果基本一致。为了校准发射机的功率输出，等离子体天线被一个物理尺寸相同的线环形天线所替代。接收到的来自脉冲功率发射机的功率与等离子体天线的相同。将线天线与脉冲功率电源断开，并连接到 10MHz 的发射机，测量全景扫调接收机接收到的功率。将发射机直接连接到全景扫调接收机，调整信号强度至前一个值所需的衰减量为 70dB。若接收到的功率从脉冲电源经等离子体天线后以 70dB 倍增，则等离子体天线的辐射功率为 5MW。这一结果与海军研究实验室测量的辐射输出一致，只是他们在等离子体天线中使用了金属天线。脉冲等离子体天线的功率输出令人印象深刻。使用手持式荧光灯，并且其被脉冲功率电源的辐射点亮。除非事先点燃，否则辐射不会点燃荧光灯。此外，我们还尝试通过耦合一个 10MHz 振荡器的辐射来校准等离子体天线。该振荡器立即被烧毁，这是电子战所期待的结果。

9.10　基本等离子体密度和等离子体频率测量

可以通过电磁波在等离子体散射中的反射和透射实验来估计等离子体密度。对于电磁波入射到等离子体上的反射和透射系数，作为等离子体密度或等离子体频率函数的推导，请回顾第 2 章。

智能等离子体天线的一个等离子体管成功阻挡了 DIRECTV 系统中的卫星频率，如图 9.28 所示。在该实验中使用的功率与智能等离子体天线工作时的功率相同。这意味着智能等离子体天线在开启模式下的等离子体频率高于 DIRECTV 使用的卫星频率。

图 9.28　将一管智能等离子体天线以 DIRECTV 卫星频率放置在喇叭接收器
天线的前面。卫星频率被成功阻挡，表明智能天线等离子体管中的等离子体
频率大于 DIRECTV 使用的卫星频率

图 9.5 中的等离子体反射器天线反射了 3GHz 信号，表明该实验中的等离
子体频率大于 3GHz，见图 9.7。

9.11　用微波干涉仪和预电离测量等离子体
密度和等离子体频率

构建 Ku 波段（12.4~18GHz）微波干涉仪并投入运行，测量几个商用等
离子体管的等离子体密度（与 L. Barnett 的私人通信，2004）。高功率脉冲调制
器和带有 WR284 波导测量系统的 S 波段磁控管投入运行。将等离子体管放入
WR284 波导中，首先观察到的是它的可重构性。

干涉仪测量了待测等离子体管的等离子体频率/密度的时间变化。这是一
种高质量的仪器，能够精确测量至少 0.5° 的相移，并且通过可调谐 YIG 振荡
器在 12~18GHz 的频率范围内工作。这一测量利用了两个长大约 5mm、放置在
等离子体柱的每一侧的小天线探针，在参考臂上安装了一个精确校准的移
相器。

为了使得相互作用最小化，在参考臂和 YIG 微波源之间放置了一个 40dB
的隔离器。对 RF 和 LO 端口的 12~18GHz 输入，使用双平衡混频器，并且中
频输出范围在 DC 至 3GHz，以检测相位，并由示波器读取。干涉仪的支腿有
长的 WR62 波导段，以防止 S 波段脉冲信号进入并干扰测量。

这是 Ku 波段波导中高质量的 12~18GHz 微波干涉仪。它有自己的内置

YIG 可调微波源、隔离器、经校准的移相器、混频器等。它能够测量来自小厚度（如 1cm）等离子体的部分相移，并且能够在直流放电和高速脉冲放电（混频器有从直流到 3GHz 带宽的输出）中用 3~18GHz 频率准确地测量离子体密度。

干涉仪的两条支腿是平衡的，以使两条支腿上有大致相等数量的波导和同轴线，以减少相位噪声和 YIG 源导致的漂移。

虽然在等离子体脉冲持续期间可以直接从示波器读取瞬时相移，但是通过比较各个脉冲波形点的相位，可由脉冲持续期间的准确相移精确测量示波器相移，以补偿脉冲持续期间通过等离子体路径可能出现的不同程度的衰减。在等离子体管上干涉仪的第一个操作是将探针放置在商用 25W 紧凑型荧光灯（Compact Fluorescent Lamp，CFL）玻璃管的每一侧，该荧光灯管内径大约 1cm，并获得了标称为 6° 的相移，该相移由 40kHz 灯驱动、振荡器和为振荡器提供直流 120Hz 的全波整流器调制，产生了大约 6° 的平均相移。40kHz 下峰与峰的调制值约为 3°；在 14.64GHz 处的 6° 的等离子体相移表示等离子体频率为 3.8GHz。

在延长预热时间（1h）之后，相移增加到 10°，对应于 4.8GHz 的等离子体频率。计算基于无限大等离子体中的简单等离子体理论相移。有限大等离子体管径可能对测量有影响；然而，简单的测试表明，探针之间的大部分耦合是通过等离子体路径进行的，因此，我们认为这一计算是合理的，但应该将其视为等离子体频率和密度的近似测量。发现现有的商用 CFL 等离子体管，它的等离子体密度可能对于 S 波段微波天线应用已经足够高，在长 40 英寸的等离子体管中，S 波段天线只需要几十瓦的连续电离功率，并具有 20000h 或更长的寿命。这给了我们鼓舞，可以很容易制造出非常高等离子体密度的等离子体管，这个管可以在连续波模式下工作，这对 10GHz 或甚至更高频率、寿命达数千小时的接收应用而言是必要的。

具有脉冲 S 波段磁控管的 S 波段调制器系统现已投入运行，并且最初可以在 WR284 测量系统中在 2.88GHz 产生功率高达 134kW 的脉冲，该系统带有定向耦合器，用于测量前向传输、反射和发射功率。该系统应能够提供至少 300kW 的功率，但闸流管上的不良反向电压抑制整流器会限制电压。

在 WR284 波导中放置一根直折叠、长约 23cm、功率为 13W 的 CFL 管，并施加频率为 2.88GHz 的脉冲微波功率。在大约 2μs 脉冲宽度和低占空比（如 10pps）时，直到大约 75kW 功率以前，等离子体管都不会自电离。当功率高于约 100kW 时，等离子体管快速自电离（如亚微秒），并且高度反射 RF 功率。在 75~100kW 的范围内，自电离是不稳定的，可在脉冲中随机发生并且取决于占空比。对于短脉冲宽度 0.4μs，直到占空比 40pps 之前，等离子体管在 100kW 下都不会电离。当有外部施加的低级别预电离功率（刚好足以使 CFL 持续电离），在 50~100kW 范围内所有级别的 RF 脉冲功率被反射回来。虽然还没有测量等离子体密度，使用同时脉冲 RF，预电离的等离子体频率很有可能远低于 2.88GHz，并且 RF 脉冲会很快（可能在纳秒量级）将等离子体密度提高到反射 2.88GHz 脉冲的水平。

WR284 波导中施加到等离子体管的功率相当于典型天线反射器表面在几十兆瓦雷达功率下的功率密度（当然，取决于反射器的尺寸）。虽然需要进一步量化，但这确实表明，对于未激励的等离子体管可能不会被普通雷达的高功率射频脉冲所激发，即使功率高达兆瓦级也如此，并且在需要时可以容易地对相同的等离子体管进行预电离以反射脉冲。

在 2.88GHz 下，功率为 75~100kW 时，没有预电离，在脉冲宽度 2μs、占空比 40pps 下，等离子体管不会自电离或反射 RF。在功率大约 100kW 下，等离子体管在脉冲宽度 100~200ns 时会自电离并反射脉冲。由于有可外部施加并能够刚好保持点亮等离子体管的最低级别预电离功率，HP RF 的脉冲很容易电离（非常快，亚微秒）并反射。在磁控管输出中添加一个环行器，以防止反射回到磁控管并产生定量数据和照片。

WR284 波导中的 100kW 表示与典型雷达反射器表面处数十兆瓦雷达功率相当的功率密度。这表明，自电离不会是一个严重的问题，并且对选择特定的放电管来反射而言，所需的只是低功率水平的预电离（至少在发射模式下——当然，仅接收模式将需要高功率的预电离——已经看到高达 5GHz 的连续波干涉仪测量的等离子体密度，并且频率还可以更高）。CFL 管安装在 HP 波导中。将可变的低频电离功率施加到等离子体管上，管的额定功率从 0% 到约 200%，并施加一些同时电离。使用 GE 公司的直插式紧凑型荧光灯（CFL），其中一个荧光灯经由带 RF 扼流圈（保持 RF 功率进入）的孔插入波导中，以在其上安装干涉仪，并得到频率 2.88GHz 下高达 134kW 的反射与等离子体频率关系图。使用磁控管在 2.88GHz 下测量到稳定的 134kW 脉冲 RF 输出。预计该调制器的功率至少可达 300kW，但调制器中的一个整流器损坏，阻止了功率上升得更高（导致在闸流管上施加高反向电压，这引起较高电压下的反向击穿），从而产生了比原先想要的更多的功率（60kW）。由于实验是用等离子体频率在 1~10GHz 范围内的小等离子体管完成的，所以用一对长 1cm、间隔为 2cm 的垂直探针进行实验，测量到大约 12GHz 上的发射信号。在它们之间放置一个直径为 1cm、轴线垂直的金属圆柱体，信号减少超过 13dB。

这表明可以容易地在小管中测量等离子体频率，因为大部分信号都从一个探针到达另一个探针，并通过宽 1cm 的间隔。当 1cm 或更宽的等离子体变为对 RF 而言是导电的状态时（如等离子体频率超过 RF），信号将高度衰减。测量到等离子体密度与脉冲电流和微波脉冲之间的时间演化关系。在 12GHz 时，可将波导段用作截止滤波器，以防止高功率 3GHz 进入干涉仪系统。

9.11.1 高纯氩等离子体 3.0GHz 下 S 波段波导中的反射实验

本节是使用高纯度氩等离子体进行的，在 3.0GHz 下，S 波段波导中的反射（与 L. Barnett 的私人通信，2004）如图 9.29~图 9.34 所示。使用负极性微波探测器，以使得最大反射位于屏幕底部，屏幕顶部为零。

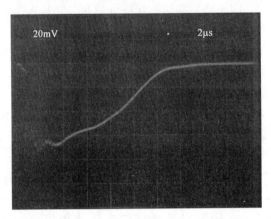

图 9.29　4.6Torr 的反射实验。使用负极性微波检波器，图示屏幕由上向下反射是增加的。距离屏幕底部三个格子处表示的反射率为 100%，而顶部下面两个格子处表示的反射率为 0%。在开始的 2ms，施加高压脉冲，因此等离子体密度在开始的 0.5~2ms 内基本恒定，之后下降。在该压力下没有观察到共振

这些反射率实验图片中，来自等离子体的 100% RF 反射，在示波器屏幕上是距离底部三个格子处的迹线，而 0% 的射频反射是屏幕顶部往下两个格子处的迹线。高电压激励脉冲是在 2μs 处，因此在第一个 0.5~2μs 内等离子体基本上是恒定的，之后会下降。纯氩等离子体的持续时间没有与先前测试的汞等离子体那么长，但氩气显示远优于汞的低共振和低噪声系数。注意，在 4.6Torr 的高压下纯氩等离子体没有共振。直到 380mTorr，随压力变得更加明显，然后随着压力降低到 80mTorr 而变得不那么明显。在共振后，反射下降得更快（与没有显示共振的 4.6Torr 的情况相比）。即使仍然明显有等离子体，当存在明显等离子体共振时，施加高于等离子体频率的 RF，可就是没有反射。当等离子体频率高于 RF 频率时，总会有一些反射。与实心金属针反射器相

比，380mTorr 下出现等离子体反射的最大峰值，反射率约为 90%。图 9.29 显示基本上没有共振，图 9.30 和图 9.31 显示相对较弱的共振。没有进行干涉仪测量，但根据照片和以往的经验，估计图 9.32~图 9.34 中的峰值等离子体频率在 4~6GHz 范围内，显示强共振。实验中使用的是直径约 1cm 的小直径等离子体管。这些反射测试使用的是，连接到 3.00GHz 的信号源上的 S 波段波导中带有可变压力高纯氩气的自制等离子体管，带宽 3GHz、0.4GHz 的叉指滤波器。

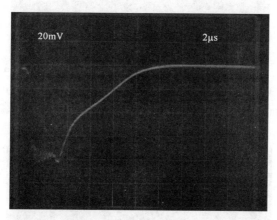

图 9.30 3.4Torr 的反射实验。压力与图 9.29 中实验使用的测量压力不同，但其他条件和尺寸是相同的。在该压力下观察到共振（倾角显示增加的反射）

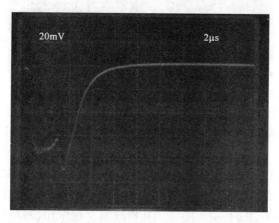

图 9.31 2.0Torr 的反射实验。压力不同于该组其他图（图 9.29~图 9.34），但其他条件和尺寸相同。在该压力下观察到共振（倾斜显示增加的反射），并且比 3.4Torr 下的共振更明显

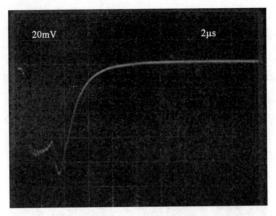

图 9.32　1.1Torr 的反射实验。压力不同于该组其他图（图 9.29~图 9.34）中所示的用于测量的压力，但其他条件和比例是相同的。在该压力下观察到共振（倾斜显示增加的反射），并且比 2.0Torr 的共振更明显

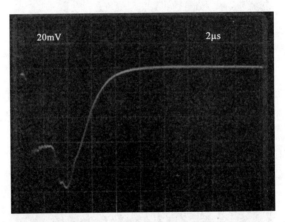

图 9.33　380mTorr 的反射实验。压力不同于该组其他图（图 9.29~图 9.34）中所示的用于测量的压力，但其他条件和比例相同。在该压力下观察到共振（倾角显示增加的反射），并且比 1.1Torr 下的共振更明显

　　把管子抽到 10^{-3}Torr 以上，然后充入氩气。通过一个串联的 1kΩ 无感电阻器施加约 20kV、2μs 的脉冲。反射测试使用了一个安装在 20dB 的定向耦合器上的惠普（Hewlett-Packard，HP）xtal 检波器（仅限示波器负载），该耦合器带有一个来自源振荡器的 30dB 隔离器。4.05dB 的 NF 放大器链可用于热噪声测量。

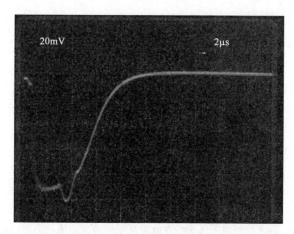

图 9.34　80mTorr 的反射实验。压力不同于该组其他图（图 9.29~图 9.34）中所示的用于测量的压力，但其他条件和比例相同。在该压力下观察到共振（倾角显示增加的反射），并且不如 380mTorr 处的共振显著

9.12　等离子体天线的加固和机械稳健性

加固等离子体天线的各种方法包括使用聚碳酸酯玻璃[13-14]（Lexan Glass）、康宁强化玻璃[15]（Corning Gorilla Glass）、合成泡沫[16]（SynFoam，也指 SynFoam 公司的产品，译者注）和环氧树脂浆料。下面给出在浆料和合成泡沫方面的工作。

9.12.1　砂岩泥浆中的嵌入式等离子体天线

图 9.35 中的等离子体 U 形天线嵌入在固化的砂岩环氧浆料中。这种嵌入式天线可以良好地发射和接收，并且已经经历了数年的加固处理。

9.12.2　合成泡沫中的嵌入式等离子体天线

等离子体管安装在一个高强度、轻质的 SynFoam 合成泡沫中（图 9.36），该泡沫由 Utility Development 公司制造[16]；这种泡沫可以成型成各种形状。SynFoam 是一种高性能的人工合成泡沫，具有高强度、耐热性和重量轻、吸潮极低的特点。SynFoam 公司的复合泡沫产品具有密度小于 20pcf（1pcf = 16kg/cm³），抗压强度大于 2000psi（1psi = 6.895kPa）的特征。SynFoam 公司泡沫的折射率接近 1，因此它对 RF 信号是透明的。

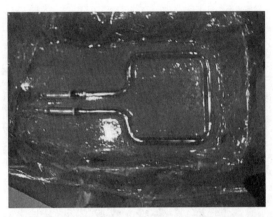

图 9.35　嵌入式等离子体天线在砂岩环氧树脂浆中固化。要注意的是，
包含等离子体的玻璃管呈金属光泽，但它是玻璃的

图 9.36　用于等离子体管的 SynFoam 外壳。计划使用 SynFoam 中的空腔
直接容纳等离子体气体而不使用玻璃管进行实验

　　目前，正在致力于将等离子体天线直接安装在合成泡沫中，而完全抛弃玻璃管。如果这能够成功，那么将在加固等离子体天线方面取得重大进展。

9.12.2.1　SynFoam 透过与反射实验

　　本书已经考虑了等离子体天线的应用，也对 SynFoam（图 9.37~图 9.41）进行了一些初步测试，发现 SynFoam 对 RF 辐射是透明的，并且在 RF 接收和发射特性方面可以忽略它。SynFoam 可以是天线罩支撑结构，该结构耐用、轻便且便宜。

图 9.37　设置 SynFoam 以通过测量相移来测量折射率

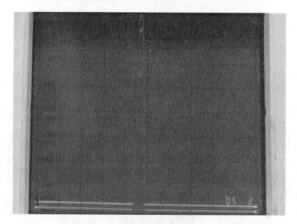

图 9.38　三重曝光照片。示波器测量显示 SynFoam 和金属板对
折射率测量的破坏性与相长干涉

图 9.39　测试前的 SynFoam 和热电偶。在测试之前，照片中的数字 68.1 是室温

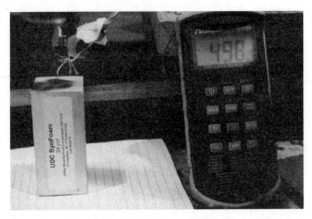

图 9.40　测试后的 SynFoam 和热电偶在 1200℉下以 30s 的间隔显示无明显损坏。
照片中的数字 498 表示冷却后的温度

图 9.41　测试后的 SynFoam 在 1200℉的间隔内以 30s 的间隔显示无明显损坏

9.12.2.2　SynFoam 的折射率测量

在 4.02GHz 频率下进行 SynFoam 的折射率测量，过程如下：微波信号从微波喇叭天线发出，通过 6.5 英寸厚的 SynFoam 平板，从金属板上反射回来，并再次通过 SynFoam 平板，重新进入微波喇叭天线，由定向耦合器提取，并在全景接收器上显示。当金属板前后移动时，接收信号发生干扰。旋转 SynFoam 板，实质上就是增加了微波通过平板的距离。当平板旋转到 45°时，接收的信号值最小。这表明，微波信号在两次通过 SynFoam 的过程中被延迟半个波长。

这个简单实验的计算表明，SynFoam 的折射率为 1.27，换句话说，就是光速减慢了约 21%。

4.02GHz 的信号从金属板上反射回来，金属板给出一个信号，当这个信号

130

反射回喇叭天线时会显示干涉条纹。SynFoam 块体放在喇叭天线和金属板之间。移动金属板以获得干涉最大值。然后旋转 SynFoam 块，使得微波传播过程中穿过更多的 SynFoam。当旋转成 45°角时，信号有一个明显的最小值。因此，这时添加了半波长的波程。该 SynFoam 块的厚度为 6.5 英寸，因此增加的波程（忽略了由于折射造成的二阶效应）为 2×6.5 英寸（2×6.5＝18.38 英寸−13 英寸＝5.38 英寸或 13.7cm①）。空气中的波长为 7.5cm，空气中的波数为 1.83。SynFoam 中的波数为 1.83+0.5＝2.33。因此，SynFoam 的微波传播速度减慢为 $c_{prime}/c=1.83/2.33≈0.7854$。这个简单实验的计算结果表明，SynFoam 的折射率为 1.27，或者换句话说，光速被延迟了约 21%。

9.12.2.3　SynFoam 在 1200℉时的耐热性测量

本章对 SynFoam 进行了耐热性测试。见图 9.39 和图 9.40，使用热电偶测量温度，以及使用热风枪产生热空气射流。由于喷枪原来的构造所产生的空气不够热，通过在进气口上放置胶带来减少流量。这样做可以将空气温度提高到 1200℉。

本实验的目的是将 SynFoam 在 1200℉空气下暴露 30s，观察它是否会遭到足够大的破坏。令人惊讶的结果是材料几乎没有热损伤。图 9.41 显示唯一真正的损坏是表面碳酸化，但能够用指甲刮掉。显然，SynFoam 主要是由于分布在材料中的玻璃微球这一事实，使得它非常耐热。

9.13　等离子体天线的小型化

通过使用当前用于液晶显示器（Liquid Crystal Displays，LCD）背光的冷阴极灯（Cold Cathode Fluorescent Lamps，CCFL），可以实现等离子体天线的小型化。这些灯管有多种尺寸和形状，可在大多数电子产品商店买到[17]。

塑料管内的球窝玻璃管也可用于等离子体天线的小型化。在这种情况下，塑料管可以防止空气接触到等离子体，球窝接头可以使等离子体管能够弯曲和具有柔性[18]。

参 考 文 献

[1] Borg, G., et al., "Plasmas as Antennas: Theory, Experiment, and Applications,"

---

① 译者注:原文如此。

Physics of Plasmas, Vol. 7, No. 5, May 2000, p. 2198.

[2] Borg, G. G., et al., "Application of Plasma Columns to Radiofrequency Antennas," *Appl. Phys. Lett.*, Vol. 74, No. 3272, 1999.

[3] Alexeff, I., and T. Anderson., "Experimental and Theoretical Results with Plasma Antennas," *IEEE Transactions on Plasma Science*, Vol. 34, No. 2, April 2006.

[4] Alexeff, I., and T. Anderson, "Recent Results of Plasma Antennas," *Physics of Plasmas*, Vol. 15, 2008, p. 057104.

[5] Anderson, T., and I. Alexeff, "Plasma Frequency Selective Surfaces," *IEEE Transactions on Plasma Science*, Vol. 35, No. 2, April 2007, p. 407.

[6] Anderson, T., and I. Alexeff, "Reconfgurable Electromagnetic Waveguide," U. S. Patent No. 6, 624, 719, issued September 23, 2003.

[7] Anderson, T., and I. Alexeff, "Reconfgurable Electromagnetic Plasma Waveguide Used as a Phase Shifter and a Horn Antenna," U. S. Patent No. 6, 812, 895, issued November2, 2004.

[8] Anderson, T., and I. Alexeff, "Reconfgurable Scanner and RFID," Application Serial Number 11/879, 725, Filed 7/18/2007.

[9] Anderson, T., "Confgurable Arrays for Steerable Antennas and Wireless Network Incorporating the Steerable Antennas," U. S. Patent No. 7, 342, 549, issued March 11, 2008.

[10] Alexeff, I., "Pulsed Plasma Element," U. S. patent 7, 274, 333, issued September 25, 2007.

[11] Anderson, T., "Tunable Plasma Frequency Devices," U. S. Patent No. 7, 292, 191, issued November 6, 2007.

[12] Anderson, T., "Tunable Plasma Frequency Devices," U. S. Patent No. 7, 453, 403, issued November 18, 2008.

[13] http://en. wikipedia. org/wiki/Lexan.

[14] http://www. ehow. com/facts_5612189_lexan-glass_. html.

[15] http://www. corninggorillaglass. com/.

[16] http://www. udccorp. com/products/SynFoamsyntacticfoam. html.

[17] http://www. jkllamps. com/fles/BF20125-28B. pdf.

[18] http://en. wikipedia. org/wiki/Ground_glass_joint.

第10章　通过等离子体天线可重构多极展开的定向和电扫描等离子体天线系统

10.1　引　言

以下等离子体天线的多极设计，是等离子体熄灭后天线的完全零互感结果。尽管 PIN 二极管可以大大降低类似金属天线设计中的互阻抗，但还是不如熄灭的等离子体天线那样完美。读者应该回顾 Jackson[1]、Feynman 等[2] 和 Pierce[3] 中的多极展开。

10.2　多极等离子体天线设计和远场

在进行正确的设计和编程的情况下，可以通过等离子体天线簇（图 10.1）得到可扫描、定向、智能的等离子体天线（与 I. Alexeff，2007 的私人通信）。在远场中，当两个或多个等离子体天线开启而其余的关闭（等离子体消失）时，这样的配置就是发射和接收等离子体天线的多极扩展。

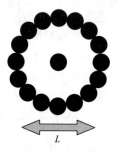

图 10.1　一圈等离子体天线环绕的等离子体天线俯视图

为了让读者更好地了解等离子体管的配置如何具有工程形式，图 10.2 中的原理图显示了等离子体天线如何安装在称为 SynFoam 的刚性并加固的泡沫中。SynFoam 的折射率接近 1，对电磁波基本上是透明的。

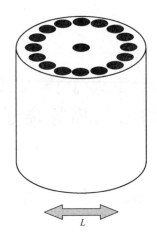

图 10.2　图 10.1 的等离子体配置被包含在 SynFroam 泡沫中

当两个等离子体天线开启，并且异相振荡，而剩下的等离子体天线关闭（图 10.3）时，产生的远场为

$$E = E_0 \cos k \left(x - \frac{L}{2} \cos\theta \right) - E_0 \cos k \left(x + \frac{L}{2} \cos\theta \right) \qquad (10.1)$$

式中角度 θ 已在图 10.4 中给出。

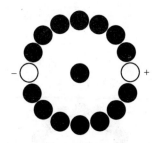

图 10.3　一种多极等离子体天线配置，其外环上的两个等离子体天线反相振荡形成偶极子。其余的等离子体天线都处于关闭状态。在任何情况下，x 轴连接关闭的等离子体天线，当等离子体天线打开或关闭时，x 轴和天线主瓣可以旋转或改变

假设与等离子体天线系统的直径 L 相比波长较大，则有

$$\frac{kL}{2} < 1 \qquad (10.2)$$

那么得到的电场为

$$E = E_0 (\sin kx) kL \cos\theta \qquad (10.3)$$

电场表明，这是一个有双波瓣但定向的辐射方向图，等离子体天线的两个

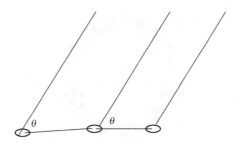

图 10.4　用于定义角度 θ 的示意图。通电等离子体天线的连线被定义为 x 轴，
用于通电等离子体天线的任何取向

波瓣异相振荡。

在图 10.5 中，外环上两个天线同相辐射，中心天线反相辐射，但信号强度加倍。

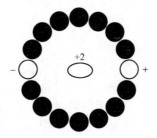

图 10.5　多极等离子体天线配置，其中两个外部天线同相辐射，
中心天线异相辐射但信号强度加倍。其余的等离子体天线都处于关闭

所得的电场为

$$E = E_0 \left[\cos k\left(x - \frac{L}{2}\cos\theta \right) - 2\cos kx + \cos k\left(x + \frac{L}{2}\cos\theta \right) \right] \qquad (10.4)$$

应用发射和接收电磁波的波长与等离子体天线簇的尺寸相比较长这一条件，远场电场变为

$$\frac{kL}{2} < 1 \qquad (10.5)$$

$$E = E_0 - \cos kx \left[\left(\frac{kL}{2}\cos\theta \right)^2 \right] \qquad (10.6)$$

图 10.6 是一种两个波瓣都同相的双波瓣等离子体天线。图中两个外部等离子体天线异相振荡（偶极子）。中心天线与其中一个外部天线（图中显示的是右侧的天线）同相振荡。

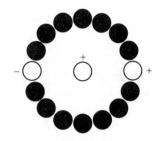

图 10.6　多极等离子体天线配置，其中两个外部天线同相辐射，
中心天线异相辐射但信号强度加倍。其余的等离子体天线都处于关闭

使用长波长条件，有

$$\frac{kL}{2} < 1 \tag{10.7}$$

由此等离子体天线配置产生的远场辐射电场为

$$E = E_0 \left[1 + \cos\theta \right] \sin(kx) \tag{10.8}$$

该结果是单波瓣定向辐射方向图。

等离子体天线的多极扩展，其中某些等离子体天线处于开启状态，其余处于断开状态，由此产生了定向天线，它可以通过依次开启和关闭一些等离子体天线来进行扫描。关键是等离子体天线可以开启或关闭，这是金属天线无法做到的。当这些多极等离子体天线设计计算机化时，就可以设计出智能等离子体天线。基于这一概念的设计非常适用于在空间较小的车辆、船舶和飞机上安装低频、定向和可扫描的智能天线。然而不管怎样，所有频率下的应用都假定电磁波长比等离子体天线簇的直径长。

参 考 文 献

[1] Jackson, J. D., *Classical Electrodynamics*, New York：John Wiley & Sons, 1962, 1975, 1998.

[2] Feynman, R., R. B. Leighton, and M. Sands, *The Feynman Lectures on Physics*, Commemorative Issue, Three-Volume Set, Reading, MA：Addison-Wesley, 1989.

[3] Pierce, A., *Acoustics：An Introduction to Its Physical Principles and Applications*, Section 4-4, Melville, MY：The American Physical Society through the American Institute for Physics, 1989.

第11章 等离子体卫星天线概念

11.1 引　言

读者应该回顾 Kraus 和 Mar-hefka[1] 以及 Balanis[2] 中的卫星和反射面天线。在卫星信号工作频率下，等离子体天线有比金属天线更低的热噪声（第12章）。等离子体馈电（已建立等离子体波导和同轴电缆）的等离子体天线以及低噪声接收机，在卫星工作频率下，可以具有与相应金属天线相比更高的数据率。

11.2 数　据　率

本节涉及比较等离子体天线与对应金属天线[3]的数据率。请记住，重要的是整个天线系统的热噪声，而不仅仅是天线。通常，天线不是天线系统中最主要的热噪声来源。指向空间的卫星天线与空间等效热噪声温度和/或温度为5K的天空相互作用。尽管如此，基于热噪声差异比较等离子体天线和对应金属天线的数据率（与 I. Alexeff 的私人通信）都是有益的。

由于噪声是随机数，因此它随积分时间的平方根累积。例如，将噪声降低2倍应使数据率提高4倍。累积噪声＝随机噪声×时间的平方根。信号是相干的，并且随着时间线性增加。累积信号＝信号输入×时间。因此，通过保持累积信号与累积噪声之比为常数，因而噪声上的信号，将随机噪声降低2倍，而积分时间减少了（因为平方根）4倍。

AS≡积累信号

AN≡积累噪声

SI≡信号输入

RN≡随机噪声

RN_p≡等离子体天线的随机噪声

RN_m≡金属天线的随机噪声

t≡积分时间

DR$_m$ ≡ 金属天线的数据率

DR$_p$ ≡ 等离子体天线的数据率

累积信号以输入信号和积分时间之积的形式给出：

$$AS = (SI)_t \tag{11.1}$$

累积噪声由随机噪声和积分时间的平方根的乘积给出：

$$AN = (RN)\sqrt{t} \tag{11.2}$$

累积信号与累积噪声的比为

$$\frac{AS}{AN} = \frac{SI}{RN\sqrt{t}}t = \frac{SI}{RN}\sqrt{t} \tag{11.3}$$

与金属天线的随机噪声相比，等离子体天线的随机噪声降低了 $1/n$，即

$$RN_p = \frac{RN_m}{n} \tag{11.4}$$

用金属天线的随机噪声代替等离子体天线的随机噪声，并使用等离子体和金属积分时间的表达式得

$$\frac{AS}{AN} = \frac{SI}{RN_m/n}\sqrt{t_p} = \frac{SI}{RN_m}\sqrt{n^2 t_p} = \frac{SI}{RN_m}\sqrt{t_m} \tag{11.5}$$

$$n^2 t_p = t_m \tag{11.6}$$

现在根据金属天线的数据率给出等离子体天线的数据率：

$$DR_p \equiv 1/t_p = (n^2 1/t_m) = n^2 DR_m \tag{11.7}$$

或

$$DR_p = n^2 DM_m \tag{11.8}$$

这里的 n 是使用金属天线而不是等离子体天线所增加的随机噪声的因子。如第 12 章所述，等离子体天线的热噪声小于金属的。

11.3　等离子体卫星天线概念和设计

等离子体天线的排列可以是平面的，也可以是有效的抛物面形。等离子体天线的排列可以电子聚焦，电子扫描 RF 信号，而无须相控阵（与 I. Alexeff 私密通信）。它的应用可以是静态（如 DIRECTV）的，也可以是附在车辆、船舶或飞机上的碟形天线。

图 11.1、图 11.2 和图 11.3 是当管中等离子体的等离子体密度或等离子体频率高于截止值时 RF 波束扫描的示意图，是反射模式。图 11.4 和图 11.5 是当等离子体密度或等离子体频率低于截止值时 RF 波束扫描的示意图，是折射模式。

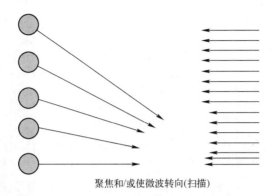

聚焦和/或使微波转向(扫描)

图 11.1　等离子体密度高于临界值时的扫描和聚焦（反射模式）。右侧的入射 RF 波入射到
具有不同密度的等离子体管，但是上面的等离子体密度均大于临界值（反射模式）。
可以根据等离子体密度在管与管之间的变化来实现聚焦或转向

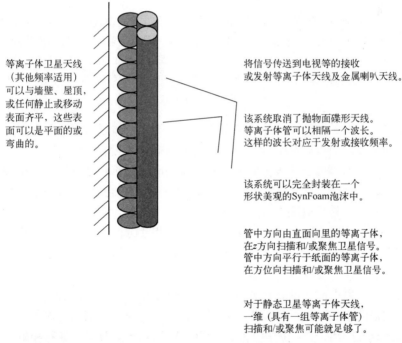

等离子体卫星天线
（其他频率适用）
可以与墙壁、屋顶，
或任何静止或移动
表面齐平，这些表
面可以是平面的或
弯曲的。

将信号传送到电视等的接收
或发射等离子体天线及金属喇叭天线。

该系统取消了抛物面碟形天线。
等离子体管可以相隔一个波长。
这样的波长对应于发射或接收频率。

该系统可以完全封装在一个
形状美观的 SynFoam 泡沫中。

管中方向由直面向里的等离子体，
在 z 方向扫描和/或聚焦卫星信号。
管中方向平行于纸面的等离子体，
在方位向扫描和/或聚焦卫星信号。

对于静态卫星等离子体天线，
一维（具有一组等离子体管）
扫描和/或聚焦可能就足够了。

图 11.2　当等离子体频率或等离子体密度高于截止值（反射模式）时，在两个维度上进行
转向（扫描）和聚焦。带有两组垂直等离子体管的基本等离子体卫星（其他频率适用）
反射器天线设计，用于二维转向（扫描）或聚焦。该系统可以应用于移动表面或静态表面，
并通过在空间或时间中利用计算机控制改变等离子体管内的等离子体密度来转向或聚焦卫星信号。
右侧的第一组管具有低于截止值的等离子体频率或等离子体密度，并通过折射进行转向和聚焦。
右侧的第二组管通过反射进行转向和聚焦，并具有高于截止值的等离子体频率或等离子体密度

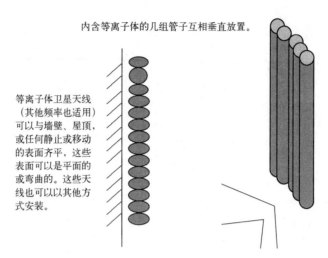

内含等离子体的几组管子互相垂直放置。

等离子体卫星天线
（其他频率也适用）
可以与墙壁、屋顶，
或任何静止或移动
的表面齐平，这些
表面可以是平面的
或弯曲的。这些天
线也可以以其他方
式安装。

图 11.3　当等离子体频率或等离子体密度高于截止值（反射模式）时，在两个维度上
转向和聚焦，管束被移位。在左边，包含等离子体的管带反射电磁波和转向并将光束
聚焦在一个方向上。在右边，一个包含等离子体的垂直管束在垂直方向上反射、操纵和
聚焦电磁波。右下方的喇叭天线传输或接收电磁波。含有等离子体的管组可以与
表面齐平或以其他方式支撑

如果入射电磁波频率小于等离子体频率，等离子体层可以反射微波[3]。等
离子体的平面表面可以在毫秒的时间尺度上扫描和聚焦微波波束。截止定义为
当电磁波入射到等离子体表面时的位移电流和电子电流相互抵消。电磁波传播
被截止而不能穿透等离子体。基本观察结果是，超出微波截止频率的等离子体
层反射微波，其相移取决于等离子体密度。

恰好在截止频率时，位移电流和电子电流相互抵消。因此，在等离子体表
面存在波腹，电场同相反射。随着等离子体频率或等离子体密度从截止值增
加，反射场越来越变为异相反射。

因此，反射电磁波的相移取决于等离子体频率或等离子体密度。这类似于
能电子扫描的相控阵天线的效果，除了相移和因此而来的扫描与聚焦是一个管
一个管地改变等离子体密度得到的，而并未使用相控阵技术中的移相器。

根据等离子体物理知识，我们可以使用一层等离子体管来反射微波[3]。通
过改变每个管中的等离子体密度，可以改变来自每个管的反射信号的相位。反
射信号可以被控制转向和聚焦，类似于相控阵天线中的情况。等离子体反射镜
的转向和聚焦可以在毫秒时间尺度上发生。

当等离子体密度低于截止值时，也可以实现转向和聚焦（图 11.4）。在低

于截止频率时，入射电磁波被等离子体所转向控制和聚焦，是等离子体透镜效应的结果，见参考文献 [4] 和 [5]。

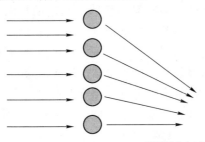

从左侧入射到等离子体管上的射频(RF)波，各等离子体管具有不同密度，并且等离子体密度低于截止频率对应的密度。实现聚焦或扫描取决于等离子体密度如何随管而变。

对微波聚焦和/或扫描转向

图 11.4　当等离子体频率或等离子体密度低于截止所对应密度时，折射模式下的扫描和聚焦。左侧的 RF 波入射到具有不同密度的等离子体管，但等离子体频率或等离子体密度低于截止状态。聚焦或扫描取决于等离子体频率或密度如何随管而变化

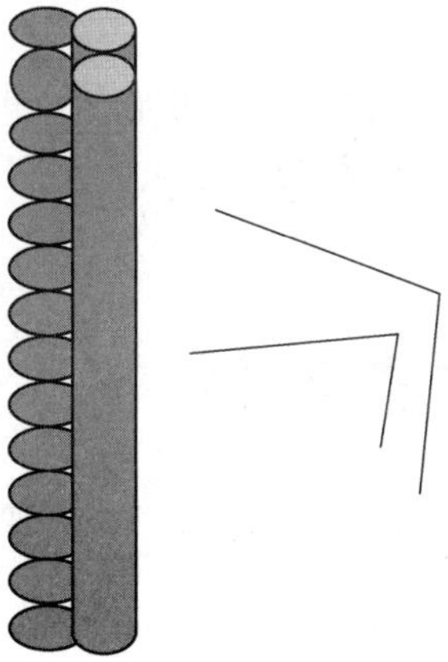

将等离子体卫星天线（在其他工作频率下工作)安装在接收的天线信号或发射的天线信号之间，其中两排等离子体管具有可变等离子体频率或密度，而且密度随管而变，从而进行天线波束的扫描和聚焦。

将信号传送到电视等的接收或发射等离子体天线或金属喇叭天线。该系统取消了抛物面碟形天线。

等离子体管可间隔一个波长放置。这样的一个波长对应于发射或接收频率。

该系统可以完全封装在形状美观的 SynForm泡沫中。

管子朝向纸面里的等离子体在z方向扫描和/或聚焦卫星信号。管子平行纸面的等离子体在方位向扫描和/或聚焦。发射和接收模式的天线信号都通过全部两组管子，并通过折射方式扫描和聚焦。

对于静态卫星等离子体天线，一维（带一组管子）扫描和/或聚焦可能足够。

图 11.5　当等离子体频率或等离子体密度低于截止值（折射模式）时，可在两个维度上进行扫描和聚焦。基本等离子体卫星（在其他频率下工作）天线设计是，带有两组垂直等离子体管，用于二维扫描和/或聚焦，等离子体频率或等离子体密度低于截止值。这是折射模式，而不是反射模式。该系统可以应用于移动表面或静态表面，并通过在空间和/或时间上用计算机控制改变等离子体管之间的等离子体密度来扫描和/或聚焦卫星信号

有效的 Snell 定律会导致电磁波在穿过变密度等离子体时发生折射（等离子体密度从一个有等离子体的管子到另一个有等离子体的管子是变化的）。等离子体中的电磁波速度是等离子体频率或等离子体密度的函数。

馈源喇叭和接收机可以放在以折射模式工作的等离子体卫星天线后面。这消除了由金属卫星天线前面的馈源喇叭和接收机引起的盲点和馈电损耗问题。这种现象也称为等离子体会聚透镜或凸透镜。会聚等离子体透镜可聚焦电磁波以减小波束宽度并增加方向性和天线工作范围，还可以产生发散的等离子体透镜。会聚和发散等离子体透镜都会产生可重新配置的波束宽度。

可以通过使管中等离子体密度高于截止密度但保持每个管子中等离子体密度各不相同，制成电子扫描和聚焦等离子体反射器天线。可以通过使管中的等离子体密度低于截止值但等离子体频率或等离子体密度因管而异来制成电子扫描和聚焦的等离子体管组。两种情况任一种下的电子扫描和聚焦都可以通过两组垂直的管组实现二维上的功能。这也可以进行水平、垂直、圆和椭圆极化信号的扫描和聚焦。

利用等离子体电子扫描和聚焦，不需要抛物面反射器天线。这在很多方面都是相控阵电子扫描的绝佳替代方案。

对等离子体密度波动的影响，还需要实验和理论上更多的研究。在迄今为止的各种原型上，如在 3GHz 的等离子体反射器天线上，密度波动是微不足道的或不存在的，并且对性能没有影响。

参 考 文 献

[1] Kraus, J., and R. Marhefka, *Antennas for All Applications*, 3rd ed., New York: McGraw-Hill, 2002, Section 21-14.

[2] Balanis, C., *Antenna Theory*, 2nd ed., New York: John Wiley & Sons, 1997, Chapter 15.

[3] Krall, N., and A. Trivelpiece, *Principles of Plasma Physics*, New York: McGraw-Hill, 1973, Sections 4.5.1 and 4.5.2.

[4] Chen, F., *Introduction to Plasma Physics and Controlled Fusion*, *Volume* 1, 2nd ed., New York: Plenum Press, 1984, p.119.

[5] Linardakis, P., G. Borg, and N. Martin, "Plasma-Based Lens for Microwave Beam Steering," *Electronics Letters*, Vol.42, No.8, April 2006, pp.444-446.

第12章 等离子体天线热噪声

12.1 引 言

G. G. Borg 等[1]通过比较三个天线接收的噪声频谱讨论了噪声。两个天线是等离子体天线，一个天线是金属天线。接收频率为 21MHz，功率为 1mW 信号源。第一个天线是长为 1.2m 的等离子体天线，由电极之间施加的 240V、50Hz 交流电驱动。第二个天线的长为 2.2m，由 140MHz 的表面波激励驱动。第三个天线是金属天线，但没有指定长度。Borg 等[1]得出结论，表面波驱动等离子体天线和金属天线的噪声表现相同，但 50Hz 交流驱动等离子体天线在整个频段内的本底噪声要高 10~30dB。用作等离子体天线的荧光灯管中的热噪声在 1.27GHz 以上时低于对应的金属天线，但在 1.27GHz 以下时高于金属天线。通过降低荧光灯管中的压力降低等离子体天线和金属天线热噪声曲线交叉点。然而，Borg 等得出结论，低频驱动的交流或直流激励等离子体管在通信中的应用有限。然而，Anderson 和 Alexeff 用荧光灯管制造了这样的等离子体天线，它能很好地接收 FM 和 AM 信号。Borg 还得出结论[1]，在低频 AC 或 DC 下工作的等离子体天线必须在余辉中工作。目前，尚不清楚在没有脉冲的情况下还会有余辉的原因。参见第 4 章和参考文献 [2]。再一次，Anderson 和 Alexeff 制造了低频交流和直流等离子体天线，可以很好地接收 FM 和 AM 信号。

12.2 修正的奈奎斯特定理和热噪声

本节是参考文献 [3] 中标准奈奎斯特定理工作的扩展，其中众所周知的结果是 $H = 4RKT$，其中 H 是噪声谱，即平方伏每赫（不是瓦特），R 是物体的电阻，单位为欧（不是欧每单位长度），K 是玻耳兹曼常数，单位是焦每开，T 是温度，单位是 K。

该等式是低频近似，但这种近似是正确的，因为在金属中碰撞频率是太赫。

Anderson 的参考文献 [4-6] 找到的修正项来源于此。

$$H = 4RKT\left(\cfrac{1}{1+\cfrac{(2\pi\upsilon)^2}{v_{cc}^2}}\right) \qquad (12.1)$$

式中：υ 为发射机频率（Hz），而 v_{cc} 为电子-气体原子碰撞频率（Hz）。

噪声电压 $V(t)$ 的相关函数为

$$R(\tau) = \sum_i R_i(\tau) = \sum_i \langle V_i(t)V(t+\tau)_i \rangle = \sum_i V_i^2(-\tau/\tau_0) \qquad (12.2)$$

假设等离子体热噪声的随机性质是泊松分布。使用 Wiener-Khintchine 定理[3,7]，我们得到等离子体噪声的功率谱密度。

$$H(f) = 4\int_0^\infty R(\tau)\cos(2\pi f\tau)\mathrm{d}\tau = 4\sum_i \int_0^\infty \langle V_i \rangle^2 \exp(-v_{cc}\tau)\cos(2\pi f\tau)\mathrm{d}\lambda$$

$$(12.3)$$

式中：R 电阻（Ω）；e 为电子的电荷。碰撞频率为

$$v_{cc} = \frac{1}{\tau_0} \qquad (12.4)$$

电压波动 V 与电子速度波动 u 有关，即

$$\begin{cases} V_i = R\dfrac{e}{l}u_i \\ R = \rho\dfrac{l}{A}, \rho = R\dfrac{A}{l} \end{cases} \qquad (12.5)$$

式中：R 为电阻（Ω）；e 为电子的电荷；A 为恒定半径等离子体截面的截面积；l 为等离子体部分的长度；ρ 为电阻率（$\Omega \cdot m$）。因此，热噪声功率谱密度变为

$$H(f) = 4\left(\frac{\mathrm{Re}}{l}\right)^2 n\langle u \rangle^2 \int \exp\left(\frac{-\tau}{\tau_0}\right)\cos(\omega\tau)\mathrm{d}\tau$$

$$= 4\left(\frac{\mathrm{Re}}{l}\right)^2 n\langle u \rangle^2 \frac{\tau_0}{1+\omega^2\tau_0^2} \qquad (12.6)$$

$$= 4\left(\frac{\mathrm{Re}}{l}\right)^2 n\langle u \rangle^2 \frac{1/v_{cc}}{1+\left(\dfrac{\omega}{v_{cc}}\right)^2}$$

其中

$$\sum_i^n \langle u_i \rangle^2 = n\langle u \rangle^2 \qquad (12.7)$$

式中：v_{cc} 为碰撞频率；n 为等离子体粒子数。

使用动力学理论的关系：

$$\frac{1}{2}m\langle u\rangle^2 = \frac{1}{2}kT \tag{12.8}$$

以及电导率的关系：

$$\sigma = \frac{n'e^2}{mv_{cc}} = \frac{1}{\rho} \tag{12.9}$$

其中，等离子体密度为

$$n' = \frac{n}{V} = \frac{n}{Al} \tag{12.10}$$

将这些量代入等离子体噪声的功率谱密度得

$$H(f) = 4\left(\frac{\mathrm{Re}}{l}\right)^2 n\langle u\rangle^2 \frac{\tau_0}{1+\omega^2\tau_0^2} = 4\left(\frac{\mathrm{Re}}{l}\right)^2 n\langle u\rangle^2 \frac{\frac{1}{v_{cc}}}{1+(\omega/v_{cc})^2}$$

$$= \frac{\mathrm{Re}^2 n}{l^2 mv_{cc}}\left[\frac{4kTR}{1+\frac{\omega^2}{v_{cc}^2}}\right] = \frac{\rho\frac{l}{A}e^2 n}{l^2 mv_{cc}}\left[\frac{4kTR}{1+\frac{\omega^2}{v_{cc}^2}}\right] = \rho\frac{e^2 n}{Almv_{cc}}\left[\frac{4kTR}{1+\frac{\omega^2}{v_{cc}^2}}\right] = \tag{12.11}$$

$$\rho\frac{e^2 n'}{mv_{cc}}\left[\frac{4kTR}{1+\frac{\omega^2}{v_{cc}^2}}\right] = \rho\sigma\left[\frac{4kTR}{1+\frac{\omega^2}{v_{cc}^2}}\right] = (1)\left[\frac{4kTR}{1+\frac{\omega^2}{v_{cc}^2}}\right]$$

$$H(f) = 4kT\frac{R}{1+\frac{\omega^2}{v_{cc}^2}} \tag{12.12}$$

而对于金属天线，$v_{cc}>\omega$。

$$H(f)_{\mathrm{metal}} = 4kTR \tag{12.13}$$

为了比较给定频谱区域的噪声（与 Igor Alexeff，2008 的私人通信），必须获得金属和等离子体的电阻 R 和等离子体碰撞频率 v_{cc}。考虑到 10GHz（3cm 波长）条件下的运行，根据参考文献 [2]，金属的 v_c 是 1THz。

对于电阻，假设天线棒的横截面为 1cm^2，长 3cm。根据参考文献 [8]，铜的电阻为 $1.692\times10^{-6}\Omega$，如果忽略趋肤深度，金属天线电阻将为 $5.076\times10^{-6}\Omega$。

趋肤深度为

$$\left(\frac{2}{\sigma\mu\omega}\right)^{\frac{1}{2}} \tag{12.14}$$

式中：σ 为电导率；μ 为介电常数；ω 为微波的角频率（rad/s 或 2π/Hz）。

趋肤深度为 2×10^{-5}cm。因此，电阻率对应的铜片长 3cm，宽 4cm，厚 2×10^{-5}cm。这相当于 0.063Ω 的电阻。铜的温度为 300K。

对于等离子体，碰撞频率计算如下。在参考文献 [9] 中，荧光灯管中的压力最大为 2mmHg。对应于 1eV 电子温度的电子气原子散射截面很深，在 Ramsauer 最小值处。在 1mmHg 的压力下，平均自由程约为 1cm。这给出了 1mmHg 压力下，散射截面 2.8×10^{-17}cm^2（在 Ramsauer 最小值处）对应于 1eV 的电子速度。热运动速度 $v=\sqrt{\dfrac{KT}{m}}$，其中 v 为速度，K 为玻耳兹曼常数，T 为电子温度，m 为电子质量。插入适当的值可得到电子热运动速度为 4.2×10^{7}cm/s。使用 2mmHg 下的原子密度为 7.02×10^{17}/cm^3，计算得到原子的碰撞频率为 82MHz。实际上，若管的直径约为 1cm，则管壁上的碰撞频率超过此值。

关于管的电阻，参考文献 [8] 中 Cobine 给出 9 英寸管的压降为 45V，而 48 英寸管的压降为 108V。减去这些从而消除阴极压降，并找到正极柱上的压降，我们得到的电压降为 1.62V/英寸，或 0.638V/cm。电流范围为 $0.15\sim0.42$A。管的电压基本上与电流无关，因此我们使用 0.42A 的电流值。这得到每厘米有 1.52Ω 的电阻，因此，对于 3cm 长的等离子体柱，电阻有 4.56Ω。

以平方伏每赫计算噪声系数，得到金属的噪声系数结果为 1.04×10^{-21}。

对于 10GHz 的等离子体天线，我们得到该值是 4.29×10^{-24}。

因此，在该频率范围内，等离子体天线中的噪声远小于金属天线的。当然，在足够低的频率下，差异是相反的，但我们可以通过降低定制等离子体管中的气体压力来解决这个问题。

请注意，我们在本报告中使用了等离子体管的气体压力上限。在专利申请中，使用了比这个低 2000 倍的压力[10]。使用最低压力会使等离子体噪声降低约 2000 倍。

请记住，这种分析过去一直是并且现在还是针对荧光灯管的。用荧光灯管制成等离子体天线，因为它们便宜，并且使用荧光灯管表明人们可以以便宜的方式开展研究和开发制造等离子体天线技术的原型样机。

当使用定制的等离子体管加固等离子体天线时，等离子体管内的气体压力可以比荧光灯泡低得多，并且可以降低等离子体天线热噪声频率与金属天线热噪声频率相等的值。

使用 2mmHg 的荧光灯管最高气压，等离子体天线和金属天线具有相同热噪声的频率为 1.27GHz。使用 1μmHg 的荧光灯管最低气压，等离子体天线和金属天线热噪声相等的频率要低得多。在等离子体天线和金属天线的频率−热噪声曲线交点之上，等离子体天线的热噪声迅速下降。

如前所述，可以制造定制的等离子体管，这样管内压力远低于荧光灯。这将给出等离子体天线和金属天线热噪声相等的一个值，并且该值远低于 1.27GHz 的天线频率。

同样，荧光灯管经常用于制造等离子体天线，因为这是进行等离子体天线研究和开发的廉价方法。正在计划定制的等离子体管，其设计坚固耐用，且在非常宽的频率范围内比金属天线具有更低的噪声，并已申请等离子体天线低热噪声设计的专利[11]。

参 考 文 献

[1] Borg, G. G., et al., "Plasmas as Antennas: Theory, Experiment, and Applications," *Physics of Plasmas*, Vol. 7, No. 5, May 2000, p. 2198.

[2] www. ionizedgasantennas. com.

[3] Reif, F., *Fundamentals of Statistical and Thermal Physics*, New York: McGraw – Hill, 1965, Sections 5. 15 and 5. 16, pp. 585−589.

[4] Anderson, T., "Electromagnetic Noise from Frequency Driven and Transient Plasmas," *IEEE International Symposium on Electromagnetic Compatibility*, *Symposium Record*, Vol. 1, Minneapolis, MN, August 19−23, 2002.

[5] http://www. mrc. uidaho. edu/ ~ atkinson/Huygens/PlasmaSheath/01032529. pdf.

[6] Anderson, T., "Control of Electromagnetic Interference from Arc and Electron BeamWelding by Controlling the Physical Parameters in Arc or Electron Beam: Theoretical Model," *2000 IEEE Symposium Record*, Vol. 2, 2000, pp. 695−698.

[7] Pierce, A. D., Acoustics: *An Introduction to Its Physical Principles and Applications*, Section 2 – 10, Melville, NY: American Physical Society/American Institute for Physics, 1989. pp. 85−88.

[8] *CRC Handbook Chemistry and Physics*, 85th Edition, 2004.

[9] Cobine, J. D., *Gaseous Conductors Theory and Engineering Applications*, New York: McGraw-Hill, 1941.

[10] U. S. Patent, "Plasma Tube Pressures," No. 1, 790, 153, issued January 27, 1931.

[11] Anderson, T., and I. Alexeff, "High SNR Plasma Antenna," Application Serial Number12/324, 876, November 27, 2008.

关 于 作 者

Theodore R. Anderson 博士（西奥多·安德森博士）是等离子体天线领域的权威和先驱。安德森博士在等离子体天线、等离子体频率选择表面和等离子体波导方面拥有超过 20 项专利。他发表了多篇关于等离子体天线的同行评议期刊文章，并在许多会议上发表了关于等离子体天线的专题论文。他在 2002 年创立了 Haleakala Research and Development 公司，成为一家专注于等离子体天线技术的公司。他的联系方式是 tedanderson@ haleakalaresearch. com；anderdrted@ aol. com；和 518–409–1010.

安德森于 1986 年获得纽约大学物理学博士学位。1979 年获得纽约大学物理学硕士学位。1983 年获得纽约大学应用科学硕士学位。他还在瑞士日内瓦大学物理系理论系的著名物理学家 J. M. Jauch 的基础上研究了量子力学和数学散射理论。

他在等离子体天线、等离子体物理学、电动力学、流体动力学、声学、水声学、原子物理学、量子力学基础和数学散射理论等领域发表论文。他认为自己是一位对物理学和工程学有广泛兴趣的通才。

他曾在吉布斯和希尔公司从事核工程工作，在通用动力公司的电船公司从事流体动力学和声学工作，在海军海底作战中心从事天线、流体动力学、水声学和声学工作，以及在诺尔斯原子能实验室从事潜艇核工程。

安德森博士曾在康涅狄格大学艾弗里角分校的几所大学教授过各种学科，包括：机械、海洋工程、海洋科学和天文学；特洛伊和哈特福德校区的伦斯勒理工学院的电气、机械和核工程专业；联合学院机械工程系；纽黑文大学的电气工程、机械工程和商业统计（在商学院）；布里奇波特大学的机械、航空和管理工程专业；库珀联盟工程学院电气工程系；亨特学院的物理学和天文学。

安德森博士是戏剧和歌剧爱好者，正在从事戏剧创作。他还一直是竞技举重运动员，并在新英格兰创造了多项纪录，在这项运动中赢得了 40 多个奖项。

想了解更多信息，请访问网站：www. ionizedgasantennas. com。